SCHÖNE AUSSICHT.
Georg-Schumann-Straße (GSS) #2

Impressum

© Juli 2016, Universität Leipzig, Institut für Stadtentwicklung und Bauwirtschaft (ISB)

Herausgegeben von:	Prof. Johannes Ringel, Dr. Tanja Korzer
mit freundlicher Unterstützung von:	Stadt Leipzig - Amt für Stadterneuerung und Wohnungsbauförderung (ASW), Magistralenmanagement Georg-Schumann-Straße, Verfügungsfond der Georg-Schumann-Straße
Mitarbeit:	Marcus Hübscher
Layout, Grafik, Satz:	Marcus Hübscher
Umschlag:	Moritz Schefers
Herstellung und Verlag:	BoD - Books on Demand, Norderstedt

Dieser Band ist einschließlich aller Teile urheberrechtlich geschützt. Vervielfältigungen jeder Art, Übersetzung oder Einspeicherung in elektronische Systeme sind ohne Zustimmung des Herausgebers unzulässig.

Die Bildrechte liegen, sofern nicht anders angegeben, bei den Autorinnen und Autoren der jeweiligen Beiträge sowie bei den Fotografen/ Inhabern der Bildrechte.

ISBN 9783741241680

SCHÖNE AUSSICHT.
Georg-Schumann-Straße (GSS) #2

Editorial

5 | **Georg-Schumann-Straße – Lebendige Großstadtstraße**
Stefan Geiss, Stadt Leipzig, Amt für Stadterneuerung und Wohnungsbauförderung (ASW)

6 | **Die Magistrale im Radar von Innovationsprojekten**
Frank Basten, Projektträger Magistralenmanagement

7 | **Das Semesterprojekt: SCHÖNE AUSSICHT. Georg-Schumann-Straße #2**
Tanja Korzer, Institut für Stadtentwicklung und Bauwirtschaft (ISB), Universität Leipzig

Projekte

Image/ Bürgermeinung

10 | **LEBENS L.U.S.T braucht Zeit und Raum.**
Elisbath Köhn, Florian Tröltzsch,
Jens Naujokat, Michael Schädlich,
Tetiana Ovsiieno

13 | **Perspektive Georg-Schumann-Straße.**
Marc Barniske, Kristin Brandt, Lisa Misch,
Charlotte Robert, Carsten Schröpfer

16 | *Flächenmanagement als Teil nachhaltiger Stadtentwicklung von Christian Strauß*

Integration Einzugsgebiet

20 | **Nachbarschaft verbindet.**
Danny Freier, Patricia Freigang, Caroline
Krause, Maximilian Malios, David Seydt

Akteursaktivierung vor Ort - Fokus Raum

24 | **Platz Nehmen!**
Lisa Drechsler, Christina Göller,
Raphael Pietrzyk, Anna Maria Schell,
Linda Seiler

27 | **Wir haben es in der Hand.**
Tiara Fausel, Tina Kussin, Juliane Renno,
Emilia Stromeyer, Anne Warchold

Akteursaktivierung vor Ort - Fokus Netzwerke

32 | **Neue Impulse - gemeinsam beleben.**
Andreas Szaule, Anne Hartke,
Fredrik Barabas, Vincent Lichte

35 | **Netzwerk 2.0.**
Romann Glowacki, Tiphaine Rouault,
Philip Köhler, Alexander Kaminski,
Nathanael Stolte

38 | *Zwischennutzung als Instrumentarium der Stadtentwicklung von Volker Trüggelmann*

Temporäre Marktplätze - Schwerpunkt Textil

42 | **POP UP YOUR STYLE.**
Kevin Haensel, Felix Remler,
Simon Heinrich, Philip Kögler,
Vanessa Hüfken

45 | **Georg Recreates Good Style.**
Julia Berit, Fabian von Frieling,
Christoph Henseleit, Viet Hoang,
Lauritz Schürmann

48 | *Die Nacht der Kunst ruft - und alle sind dabei! von Anke Laufer*

Potenzialthema Kunst

52 | **Kunst macht schön.**
Marcel Fischer, Daniel Noll,
Gerrit Schumann, Tobias Schwab,
Olga Syzranova

55 | **Künstliche Belebung.**
Roman Engelhardt, Hendrik Scharf,
Stefan Weinberg, Hans Wessalowski

58 | *Gesundheit im Quartier?! von Ulrike Leistner*

Potenzialthema Gesundheit

62 | **Möckern is(s)t gesund!?**
Jens Frey, Rebekka Rothe, Markus Wagner

Georg-Schumann-Straße – Lebendige Großstadtstraße

Stefan Geiss
Stadt Leipzig, Amt für Stadterneuerung und Wohnungsbauförderung (ASW)

Die Georg-Schumann-Straße ist seit Beschluss des Integrierten Stadtentwicklungskonzeptes Schwerpunktraum der integrierten Stadterneuerung. Seitdem wird versucht, die verschiedenen Probleme der Magistrale systematisch zu beheben und die Straße wieder zu dem zu entwickeln, was sie ehemals war, eine lebendige Großstadtstraße. Neben dem Thema Verkehr und der erst in jüngster Zeit anziehenden Sanierungstätigkeit bei den Wohngebäuden gehört die Stärkung der wirtschaftlichen Funktionen zu den zentralen Herausforderungen. Eine Magistrale wie die Georg-Schumann-Straße konkurriert dabei mit diversen Shopping-Centern, innerstädtischen Handels- und Dienstleistungslagen und Stadtteilzentren.

Die Universität Leipzig beschäftigt sich nun bereits zum wiederholten Male mit den Möglichkeiten und Chancen, die sich für die Magistrale aufzeigen lassen. Für die Stadt Leipzig sind diese Beiträge wichtige Bausteine für eine Strategie zur Funktionsstärkung. Aus Sicht der Stadt gilt daher den Bearbeiterinnen und Bearbeitern besonderer Dank. Auch diesmal sind anregende und spannende Beiträge entstanden. Ich wünsche allen, die diese Broschüre in Händen halten, viel Spaß und Erkenntnis beim Lesen.

Die Magistrale im Radar von Innovationsprojekten

Frank Basten
Projektträger Magistralenmanagement, FREIE WIRTSCHAFTSFÖRDERUNG Frank Basten in Kooperation mit Büro Gauly

Das Magistralenmanagement der Georg-Schumann-Straße ist Ansprechpartner für alle Fragen rund um die Georg-Schumann-Straße. Zu den vielfältigen Aufgaben des Teams zählen die Unterstützung bei der Belebung leer stehender Läden und die Modernisierung von Bausubstanz, die Beratung von Eigentümern unsanierter und teilsanierter Gebäude, die Förderung der kulturellen Vielfalt der Straße, die Unterstützung von Nutzungskonzepten, Existenzgründungen sowie Förderung und begleitendes Coaching von Unternehmen. Die Initiierung der Vernetzung von Akteuren, Vereinen und Initiativen aus dem Umfeld der Georg-Schumann-Straße und deren aktiver Austausch stehen dabei im Fokus. Ziel ist es, die wirtschaftliche, stadträumliche, kulturelle und soziale Entwicklung der historischen Magistrale nachhaltig zu sichern.

Im Zuge dessen geht die Kooperation mit der Universität Leipzig in die zweite Runde. Stand im Wintersemester 2014/15 die wissenschaftliche Annäherung an die Magistrale als Bestandsanalyse im Vordergrund, wurde im Wintersemester 2015/16 der Schwerpunkt auf die Ideenentwicklung und Innovationen gesetzt. Aufbauend auf den vorherigen Ausarbeitungen des IST-Standes waren kreative Lösungen zur realen Umsetzung unter besonderer Berücksichtigung innovativer Initiierung von Beteiligungsprozessen gefragt. Ziel dieser Herangehensweise ist die Schaffung identitätsstiftender Projekte mit einem hohen Innovationsanteil.

Als Ergebnis wurden uns Projektarbeiten präsentiert, die von hohem Niveau, mutigem, jungem Esprit und von hoher Umsetzungsorientierung geprägt sind. Hervorzuheben sind hierbei vor allem die Analysen und deren akteursgerechte Weiterentwicklung bestehender Netzwerke wie z.B. der vom Magistralenmanagement initiierte Gründer- und Unternehmertreff, der Förderverein Georg-Schumann-Straße e.V. oder das Format eines übergreifenden Netzwerkes, das alle Netzwerke aufgreift und diese zu einem Gesamtnetzwerk bündelt. Zukunftsweisend sind die Ausarbeitungen eines Pop-up-Stores als kurzfristiges und provisorisches Einzelhandelsgeschäft, das vorübergehend in einem leerstehenden Geschäftsraum betrieben werden soll. Die Untersuchungen für eine variantenreiche Bespielung von Freiflächen z.B. Huygensplatz oder Möckernschen Markt, mit hohem der jeweiligen Raumsituation angepasstem, von Kommunikation, friedlichem Miteinander und bürgerschaftlichen Engagement geprägtem Charakter, tragen zur Identitätsfindung bei. Die Einbeziehung dieser zeitgemäßen Projektansätze fördert die positive Ausrichtung der Magistrale, regt an, den Entwicklungsprozess immer wieder neu innovativ zu denken und gestaltet für Bürgerinnen und Bürger über Generationen hinweg attraktiven Lebensraum.

Den teilnehmenden Studenten gilt ein großer Dank für ihr Engagement.

Das Semesterprojekt: SCHÖNE AUSSICHT. Georg-Schumann-Straße #2

Tanja Korzer
Institut für Stadtentwicklung und Bauwirtschaft (ISB)
Universität Leipzig

Das Semesterprojekt SCHÖNE AUSSICHT. Georg-Schumann-Straße (GSS) #2 baut auf den Ergebnissen des Projektes aus dem Wintersemester 2014/15 (siehe Publikation #1) auf.

Im WS 15/16 wurden ausgewählte Raumsituationen, wie der Huygensplatz, der Möckernsche Markt bzw. thematische Schwerpunkte von der Akteursaktivierung, Kunstprojekten, Textilcluster bis zur Gesundheitsförderung konkretisiert. Folgende zentrale Fragen standen dabei im Mittelpunkt der Projektarbeiten:

- Wie kann das Image der Georg-Schumann-Str. weiter verbessert und kommuniziert werden?
- Wie können die Akteure/Stakeholder vor Ort aktiviert und in die weitere Entwicklung der Straße eingebunden werden (unter Einbeziehung der bestehenden Netzwerkstrukturen)? Wie gelingt es auch die angrenzenden Quartiere (nördlich und südlich der Straße) mitzunehmen?
- Welche Nutzungspotenziale können weitergeführt bzw. entdeckt und entwickelt werden?

Im Ergebnis kristallisierten sich ganz unterschiedliche sehr praxisorientierte Konzeptansätze heraus.

Beispielsweise wurde für den Huygensplatz unter dem Titel: „Huygensplatz – Platz nehmen!" ein Konzept entwickelt, welches sowohl die Idee zur Gestaltung eines temporären Pavillons formuliert als auch ein Servicekonzept vorschlägt, welches u.a. das wechselnde Angebot eines qualitativ höherwertigen Mittagstisches (inkl. der Belieferung durch die an der Straße ansässigen Händler/Gastronomen) einschließt.

Ein weiteres Projekt postulierte „Wir haben es in der Hand". Basierend auf einer umfassenden Akteursanalyse wurden drei zentrale Konzeptbausteine entwickelt. Ein ausrangierter Straßenbahnwaggon thematisiert den transitorischen Charakter des Platzes auf und schafft einen Ort der Kommunikation und Kooperation. Temporäre Urban Gardening Aktionen dienen der Erhöhung der Aufenthaltsqualität und nicht zuletzt soll ein zukünftig freies WLAN jüngere Zielgruppen zum Verweilen einladen.

Seit einigen Jahren etabliert sich die Nacht der Kunst an der Georg-Schumann-Straße zunehmend als stadtweit wahrgenommenes Kunstfestival. Das Projekt „Kunst macht schön" beschäftigte sich mit der möglichen Ausweitung des Festivals auf Kunstformen wie Urban Street Art, Film- und Medienkunst etc. Ziel dessen ist die Erschließung weiterer Zielgruppen und damit die Steigerung der Wahrnehmung der Veranstaltung. Was schlussendlich zu einer positiven Besetzung der Georg-Schumann-Straße führen soll.

Ein Textil Pop-up-Konzept verspricht „Georg Recreates Good Style". Ein aus diesem Thema entworfenes T-Shirt Design bildet die Basis sowohl für ein temporäres Verkaufskonzept als auch für eine innovative Marketingstrategie. Somit wird ein aus dem Unternehmensmarketing stammendes Instrument für eine zeitgenössische Stadtentwicklungsstrategie adaptiert. Eine experimentelle Umsetzung ist bereits für den Herbst 2016 im Rahmen der Nacht der Kunst (NdK) in Planung.

Zu diesen und weiteren Vorschlägen können Sie auf den nächsten Seiten in diesem Heft Näheres erfahren.

Für das Sommersemester 2017 ist eine weitere Konkretisierung der Projekte geplant. In sogenannten Reallaboren werden ausgewählte Ansätze bis zur experimentellen Umsetzung weiterentwickelt. Um den damit verbundenen differenzierten Aufgabenstellungen gerecht zu werden, ist eine Kooperation mit der HTWK, Fakultät Architektur und Sozialwissenschaften in Planung.

Ich wünsche Ihnen viel Spaß beim Lesen!

Image/ Bürgermeinung

Lisa Dreschel
Christina Göller
Raphael Pietrzyk
Anna Maria Schell
Linda Seiler

LEBENS L.U.S.T braucht Zeit und Raum
Imagekonzept für die Baumaßnahmen Huygensplatz und Marktplatz Möckern

Die Magistrale Georg-Schumann-Straße (GSS) ist durch einen Wandel gekennzeichnet, denn sehr umfangreiche Baumaßnahmen prägen die aktuelle Entwicklung.

Das vorliegende Projekt untersuchte das Image und die Bürgermeinung zur Entwicklung der GSS. Betrachtet wurde der Abschnitt vom Huygensplatz bis zum Möckernschen Markt mit besonderen Blick auf die vorgenommenen Baumaßnahmen. Zusätzlich wurde die Bekanntheit des Magistralenmangements untersucht.

In einem ersten Schritt erfolgte eine Vor-Ort-Begehung sowie eine Analyse bereits durchgeführter Baumaßnahmen. Anschließend wurden mit Hilfe einer Befragung Meinungen der Bürger zu Potenzialen und Schwächen der GSS und ihrer benachteiligten Wohnlagen eingefangen. Die daraus resultierenden Analyseergebnisse schafften eine Grundlage für die Weiterentwicklung bzw. Anpassung bisheriger Projektansätze und dienten als Basis für die Ausarbeitung verschiedener Marketingkonzeptionen.

Ziel war es, die Meinungen der Bürger einzufangen, daraus Probleme zu erkennen und Potenziale für eine gute Weiterentwicklung der bisherigen Ansätze abzuleiten.

Bei der ersten Vor-Ort-Begehung fiel auf, dass sich die Magistrale in einem starken Wandlungsprozess befindet. Dies äußerte sich durch zahlreiche Baustellen.

Die Befragung von 100 Personen zeigte, dass die Baumaßnahmen und die Entwicklung der GSS überwiegend positiv wahrgenommen wurden. Trotzdem hatte die GSS ein negativ behaftetes Image.

Eine Umfrage aus dem Jahr 2009, bei der die Bürger ihre Verbesserungswünsche angaben, wurde den aktuellen Ergebnissen gegenüber gestellt. Eine positive Veränderung stellten die geschaffenen Fahrradwege dar. Die Parkplatzsituation, der Verkehrslärm, die Sauberkeit und Ordnung sowie fehlende Begrünung an der Straße wurden hingegen nach wie vor negativ bewertet

Ein besonderer Blick galt der Untersuchung der Baumaßnahmen am Huygensplatz und dem Möckernschen Markt.

Der Umbau des Huygensplatzes wurde von den Befragten als gelungen bezeichnet. Potenziale ergaben sich an diesem Ort durch die Wünsche der Bürger nach mehr Sitzmöglichkeiten und Begrünung.

Die Neugestaltung des Möckernschen Marktes wurde als ebenfalls gelungen bewertet. Jedoch bemängelten die Bürger dort stark alkoholisierte Personengruppen, die Hinterlassenschaften vieler Hunde, die Sauberkeit und Geschwindigkeitsüberschreitungen in der Spielstraße vor den Geschäften.

Die Arbeit des Magistralenmanagements und das Informationszentrum waren bei den Teilnehmern der Befragung weitestgehend unbekannt.

Mit dieser Befragung wurden Problemfelder und Potenziale bzgl. der verschiedenen Baumaßnahmen sowie des Magistralenmangements ersichtlich. Ausgehend von diesen Ergebnissen erfolgte im nächsten Schritt die Ausarbeitung von mehreren Imagekampagnen.

Analyse
Abschnitt Huygensplatz bis Möckernscher Markt

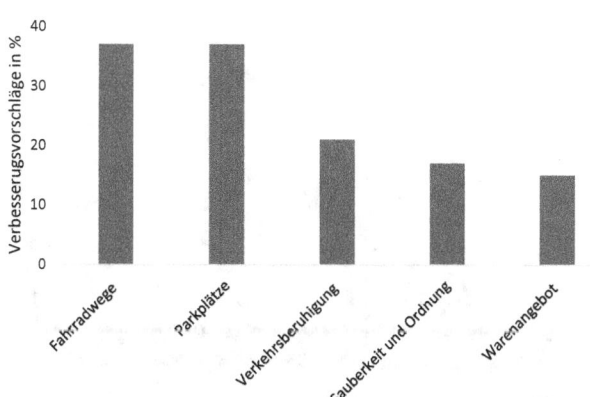

Abb.1: Verbesserungsvorschläge aus der Befragung 2009

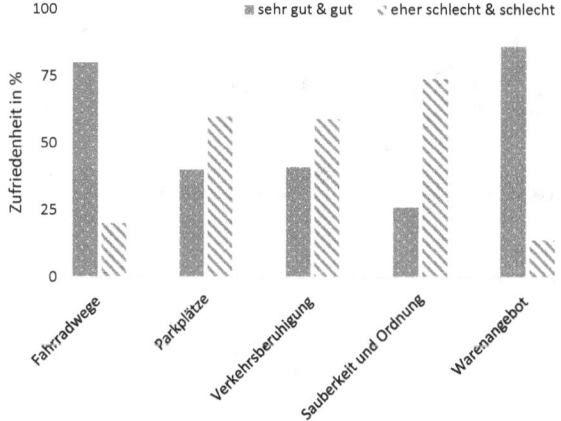

Abb.2: Beurteilung der Georg-Schumann-Straße durch die Befragten 2015

Für die Weiterentwicklung und Aufwertung der GSS und der Plätze werden mehrere Imagekampagnen vorgeschlagen. Diese sind so gestaltet, dass sie mit geringen finanziellen Mitteln zu realisieren sind.

Um die Bekanntheit und Reichweite des Magistralenmanagements zu fördern, wird das Konzept der Erstellung einer Facebook-Seite vorgeschlagen. Dort können die Benutzer Informationen zu Aktivitäten, Veranstaltungen, Vereinen und sonstigen Informationen entlang der GSS erhalten.

Weiterhin wird ein Flyer entworfen, der auf die Nähe zum Auwald hinweist. Da viele Befragte den Wunsch nach mehr Grünanlagen äußerten, soll ihnen auf diesem Weg gezeigt werden, dass sich ein wunderschöner Park in unmittelbarer Nähe zur GSS befindet. Die Flyer werden in Tageszeitungen, Newslettern, Cafés, der Homepage und der Facebook-Seite veröffentlicht und ausgelegt.

Für eine weitere Aufwertung des Huygensplatzes wird ein Hochbeet konzipiert. Dieses beinhaltet zum einen ein Beet für Blumen und dient zum anderen außerhalb dessen als Sitzmöglichkeit. Die Bepflanzung könnte die in der Nähe ansässige 39. Grundschule übernehmen.

Um den Problemen beim Möckernschen Markt entgegen zu wirken und den Platz aufzubessern, werden mehrere Kampagnen entwickelt.

Für eine erhöhte Sauberkeit soll das Aufhängen von Plakaten mit verschiedenen Slogans dienen, welche nach einer gewissen Zeit ausgetauscht werden, um eine kontinuierliche Aktualität zu bewahren. Diese sensibilisieren die Bürger für einen sauberen Platz und den verantwortungsvollen Umgang mit diesem.

Weiterhin werden Verkehrsschilder entworfen, welche an das Gewissen der Autofahrer appellieren die Schrittgeschwindigkeit zu halten und auf die Umgebung zu achten.

Konzept
Abschnitt Huygensplatz bis Möckernscher Markt

Abb.3: Facebook-Seite Magistralenmanagement Georg-Schumann-Straße

Abb.4: Hochbeet am Huygensplatz

Marc Barniske
Krisin Brandt
Lisa Misch
Charlotte Robert
Carsten Schröpfer

Perspektive Georg-Schumann-Straße.
Grün - Still - Shops: Imageuntersuchung der GSS

Die GSS verfügte aus gesamtstädtischer Perspektive über einen geringen Bekanntheitsgrad und war in ihrer Wahrnehmung eher negativ behaftet. Die in den vergangenen Jahren durchgeführten Bau- und Belebungsmaßnahmen strebten bereits eine Transformation an und schafften Potenziale für eine verbesserte Darstellung.

Mit dem Ziel der Belebung der Straße, vor allem in den Bereichen Wirtschaft, Wohnen und Handel, befasste sich diese Arbeit mit der Erhebung von Stärken und Schwächen im Bereich der GSS und ihrer Nebenstraßen sowie aus den Analysen resultierenden Chancen und Risiken. Die Ergebnisse bildeten Grundlagen für mögliche weitere Handlungsvorschläge und einer Verbesserung von Wohnqualität und Wahrnehmung an der GSS.

Die Vorgehensweise des Projektes gliederte sich in die folgenden Arbeitsschritte:

- Theoretische Grundlagen zu Image, Wohnwert und den verwendeten Konzepten, die als Grundlage für die empirische Erhebung dienten
- Repertory Grid Analyse zur Überprüfung eines potenziellen Außenimages der GSS
- Fragebogen I: Erfassung der allgemeinen Wahrnehmung der Straße und des Status Quo bei den mit der Straße verbunden Personen mittels mehrerer Vor-Ort-Befragungen in den drei Stadtteilen Gohlis, Möckern und Wahren
- Fragebogen II: Fokussierung auf die drei wesentlichen Kernaspekte (Grün, Ruhig, Einkaufmöglichkeiten) zur Erfassung von Ist-Zustand und Potenzialen
- Handlungsempfehlungen zur Verbesserung der Wahrnehmung und des Images der GSS.

Die Kriterien, die den Probanden für die Wohnortwahl am Wichtigsten erschienen, sind in der zweiten Befragung nochmals unterteilt. Die Probanden sahen auf Platz eins ein „grünes" gefolgt von einem „ruhigen Umfeld" und „guten Einkaufsmöglichkeiten".

Zusammengefasste Wahrnehmung der GSS: Grün: Fast 60% der Befragten sahen die Bepflanzung als schlecht an, 47% teilten die Meinung, dass die Grünflächen in einem schlechten Zustand waren und 43% empfanden die Anzahl der Grünflächen als zu gering. Ruhig: 90% der Befragten empfanden die GSS als laut und der Lärmpegel sei die meiste Zeit des Tages präsent. Besonders laut wahrgenommene Verkehrsmittel waren die Straßenbahnen, gefolgt von LKW und PKW. Einkauf: Positiv war, dass fast 80% der Befragten mit dem Angebot an Lebensmittelmärkten zufrieden waren. 60% der Befragten wünschten sich darüber hinaus Geschäfte mit Drogerie-, Textil- und Elektroniksortiment.

Die Repertory Grid Analyse bestätigte, dass die GSS über kein nennenswertes Außenimage verfügte. Die erste Befragung analysierte, welche allgemeinen Kriterien den Probanden bei der Wohnortwahl am Wichtigsten waren. Die Probanden beurteilten Einkauf/ Freizeit, Grün/ Ruhig sowie Verkehr als die wichtigsten Aspekte. Um die subjektive Wahrnehmung aller Kriterien zu erfahren, wurden diese in erweiterter Form von den Probanden mittels Schulnoten bewertet.

Die allgemeine Bewertung der GSS fiel unterdurchschnittlich aus. Die Gesamtwahrnehmung der einzelnen Kriterien lag bei der Durchschnittsnote 3,5. Sicherheit/ Ansehen wurde mit der Note 3,3 bewertet. Das zweitwichtigste Kriterium für die Wahl des Wohnortes Grün/ Ruhig hatte mit 3,9 die schlechteste Bewertung. Modern/ Angesagt und Verkehr wurde jeweils mit 3,4 bewertet. Das gewählte Kriterium Einkauf erhielt die Note 3,1. Die Familien-/ Altersfreundlichkeit stach mit einer sehr guten Bewertung von 1,7 heraus.

Analyse
Georg-Schumann-Straße

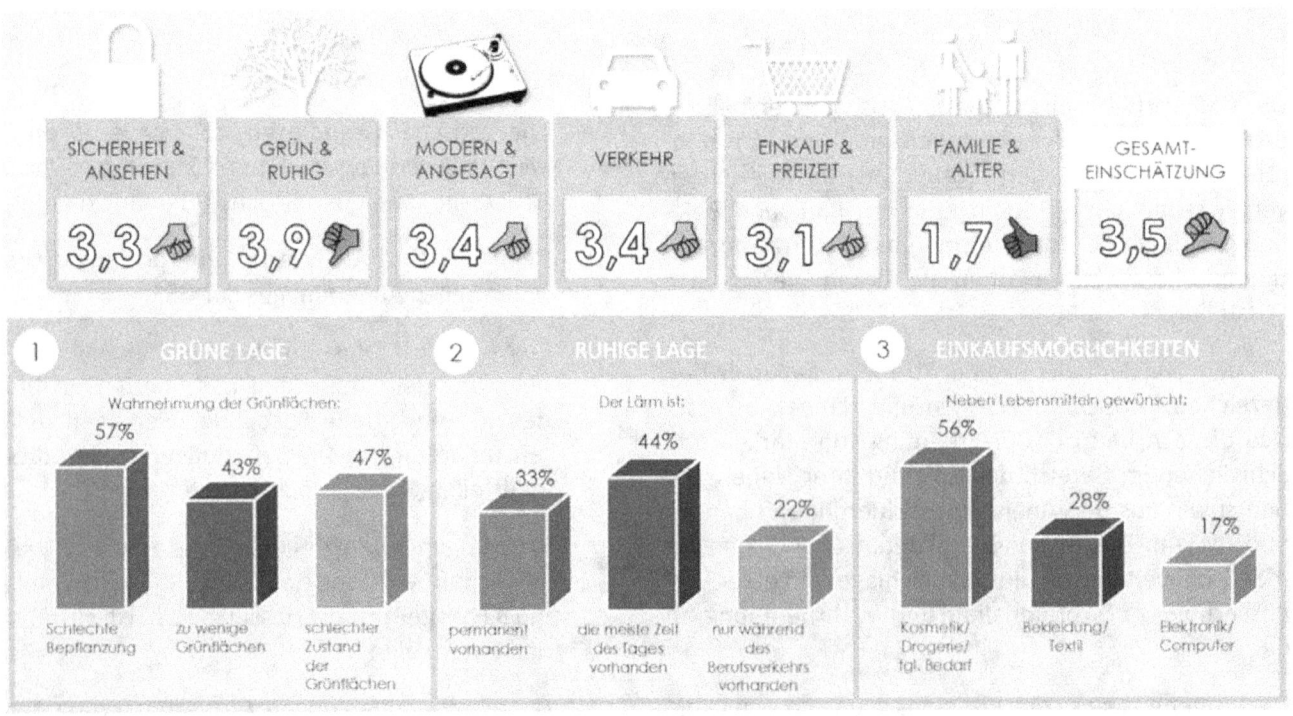

Abb.5: Analyse des Innenimages

Auf Grundlage der Analyseergebnisse stehen für Handlungsempfehlungen hauptsächlich die drei wichtigsten Kriterien (Grün, Ruhig und Einkauf) im Fokus.

Trotz umliegender Parks wie Auwald, Rosenthal oder Auensee, scheinen die Bewohner diese Grünflächen nicht unmittelbar mit der GSS zu verbinden. Urban Gardening ist eine Möglichkeit, die Bewohner für die Begrünung der Straße zu sensibilisieren. Das Konzept basiert darauf, dass Grün- und Brachflächen von der Stadt an die Bewohner zur Nutzung freigegeben werden und diese eigenverantwortlich, entsprechende Abschnitte unentgeltlich bepflanzen, bewirtschaften und pflegen.

Die Verkehrsberuhigung auf der GSS ist aufgrund ihrer Historie kaum umsetzbar, allerdings können Sanierungsarbeiten insbesondere an den Straßenbahngleisen zur Reduzierung der Geräuschkulisse beitragen. Flüsterschienen absorbieren dank ihrer Gummiummantelung merklich die Erschütterungen der schweren Trams. Eine weitere (visionäre) Überlegung zur Lärmpegelverringerung ist die verstärkte Verbreitung von Elektromobilität.

Unter dem Motto „Straße der Zukunft" kann mit Hilfe entsprechender Förderprojekte und Unterstützung der umliegenden Automobilbauer, BMW und Porsche, z.B. eine Teststrecke für E-Autos auf der GSS realisiert werden. Dies hätte nicht nur positive Auswirkungen auf die Geräuschkulisse, sondern auch auf die „Grün-Wahrnehmung" unter dem Umwelt- und Nachhaltigkeitsaspekt.

Dem Wunsch nach spezialisierten Einzelhandelsgeschäften kann dank des hohen Leerstandes mit entsprechend niedrigen Ladenmieten nachgekommen werden. Hier gilt es, insbesondere die Ansiedlung von Drogerie- und Textilgeschäften zu fokussieren. Entsprechend sollte versucht werden, Unternehmen wie dm oder Rossmann für die GSS zu gewinnen. Da die erhobenen Daten keinen Schwerpunkt auf die gewünschten Textilwarengruppen legen, sollten weitere Untersuchungen diesbezüglich durchgeführt werden. Allerdings kann davon ausgegangen werden, dass aufgrund der Anwohnerstruktur Unternehmen wie KIK, Ernsting's family oder Takko Fashion mehr nachgefragt werden, als hochpreisige oder besonders innovative Geschäftskonzepte.

Konzept
Georg-Schumann-Straße

Abb.6: Potenzial der wichtigsten Standortmerkmale

Flächenmanagement als Teil nachhaltiger Stadtentwicklung
Christian Strauß - Leibniz-Zentrum für Agrarlandschaftsforschung (ZALF) e.V., Institut für Sozioökonomie

Die Leipziger Georg-Schumann-Straße ist im Umbruch. Zahlreiche Akteure und vielfältige Initiativen versuchen, die alte Ausfallstraße wieder als Rückgrat des städtischen Lebens zu profilieren. Aber auch wenn Leipzig und die nordwestlichen Stadtteile wieder Einwohner gewinnen, bestehende Bauten saniert und neue Projekte umgesetzt werden: An der Magistrale selbst sind der Leerstand noch hoch und die Sanierungsquote niedrig. Dies ermöglicht zum einen neue kreative Lösungen im Umgang mit den Freiräumen und Leerständen.

Zum anderen ist ein strategischer Umgang mit den leerstehenden Häusern und den (wenigen) brachgefallenen Flächen erforderlich. Denn die GSS ist Teil des Innenbereiches von Leipzig, in dem die Baugrundstücke grundsätzlich auch baulich genutzt werden sollten. Die Straße wird in den planerischen Konzepten der Stadt als wichtige Magistrale eingestuft, die eine hohe Bedeutung für die Gesamtstadt aufweist. Die Straße ist zudem hervorragend durch den öffentlichen Personennahverkehr erschlossen. Letztlich schont die Innenentwicklung die naturnahen Freiflächen im Außenbereich. Mithilfe der Nachverdichtung und Umnutzung innerhalb des Siedlungskörpers kann es gelingen,

Bedarfe der Bevölkerung nach neuen Wohnungen und Gewerbeflächen sowie Belange des Umweltschutzes in Einklang zu bringen und damit Zielkonflikte in der Raumentwicklung zu lösen. Die Neuinanspruchnahme bisheriger landwirtschaftlicher Flächen im Außenbereich für Siedlungs- und Verkehrszwecke ist eines der Hauptprobleme der Raumentwicklung in Deutschland. Denn es wird weiterhin zu viel Fläche neu in Anspruch genommen. Dies gilt für Deutschland insgesamt – und auch für Sachsen. Während Sachsen das Ziel formuliert hat, im Jahre 2020 nur noch 2 ha täglich für Siedlungs- und Verkehrszwecke neu in Anspruch zu nehmen, sind es gemäß Sächsischem Landesamt für Umwelt, Landwirtschaft und Geologie aktuell (2015) 9,7 ha. Dabei geht die Siedlungsdichte als Verhältnis zwischen Einwohner- und Siedlungsentwicklung weiter zurück.

Umgang mit der Leere

Leipzig kann zwar seit einigen Jahren einen Einwohnerzuwachs verzeichnen und dabei mit der Wiedernutzung von Brachflächen und leerstehenden Häusern in innerstädtischen Quartieren auch einen Beitrag zur Erhöhung der Siedlungsdichte erreichen. In einigen Quartieren bündeln sich aber weiter die städtebaulichen Missstände – wie auch in der GSS. Die Stadt Leip-

zig geht diese Herausforderungen strategisch mithilfe verschiedener Programme der Städtebauförderung an. Unter anderem wird für einen Teilbereich der GSS ein „Aufwertungsgebiet" nach dem Bund-Land-Förderprogramm Stadtumbau Ost ausgewiesen. Die in den innerstädtischen Quartieren brachgefallenen Flächen sind, wie in der GSS, oft mit Häusern bebaut, weshalb strategische Antworten sowohl der Flächen- als auch der Gebäudepolitik gefragt sind. Hierfür ist es sinnvoll, Konzepte des Flächenmanagements heranzuziehen und zu siedlungspolitischen Konzepten weiterzuentwickeln. Im Folgenden wird dieser Ansatz beschrieben. Er basiert auf der Dissertation „Ziele im Stadtumbau Ost", die 2014 im Rohn-Verlag erschienen ist.

Siedlungspolitische Konzepte

Integrierte Stadtentwicklung umfasst die „gelebte Stadt" mit ihren gesellschaftsräumlichen und vermeintlich „raumlosen" gesellschaftlichen Dimensionen. Siedlungspolitik stellt demnach den physisch-räumlichen Fußabdruck der gelebten Stadt dar. Als Basis für eine nachhaltige integrierte Stadtentwicklung ist daher eine nachhaltige Siedlungspolitik erforderlich. Entsprechend werden auch auf Bundesebene siedlungspolitische Ziele formuliert:

- So ist das so genannte Flächensparziel 30-ha-Ziel bereits seit 2002 Bestandteil der Nationalen Nachhaltigkeitsstrategie der Bundesregierung, Es besagt, dass der tägliche Zuwachs an Siedlungs- und Verkehrsflächen von derzeit bundesweit über 69 ha auf 30 ha im Jahre 2020 reduziert werden soll.

- Das qualitative Ziel „Innen vor Außen" verfolgt den Vorrang der Neu- und Umnutzung in innerstädtischen Quartieren im Vergleich zur Entwicklung von Flächen am Siedlungsrand im Verhältnis 3:1. Dies soll zum Erhalt oder Wiederanstieg der Siedlungsdichte beitragen.

Als Grundlage für eine nachhaltige Siedlungspolitik eignet sich das Konzept der Flächenkreislaufwirtschaft, das in den 2000er Jahren gemeinsam von Wissenschaft und Praxis entwickelt wurde. Das Konzept beinhaltet im Kern einen Zyklus in der Nutzung von Flächen, der sich aus verschiedenen Elementen zusammensetzt: Planung, Nutzung, Nutzungsaufgabe, Brachliegen, ggf. Zwischennutzung und Wiedereinbringung von Flächen. Mit der Neuausweisung und der Mobilisierung von Flächenpotenzialen werden zusätzliche Flächen in den Kreislauf integriert, wodurch die Siedlungs- und Verkehrsflächen größer werden, während die Renaturierung zu deren Reduzierung führt. Vorrangiges Ziel der Flächenkreislaufwirtschaft ist es, bisherige Siedlungsflächen zu nutzen und Brachflächen zu vermeiden. Mit dem Kreislaufgedanken wird zugleich anerkannt, dass sich die Nutzung einer Fläche im Laufe der Zeit ändern kann. Dabei soll aber vermieden werden, dass bisher genutzte Siedlungs- und Verkehrsflächen brachfallen, während neue, bisherige Freiflächen für Siedlungs- und Verkehrszwecke in Anspruch genommen werden. Dadurch wird ein Beitrag zur Erhöhung der Siedlungsdichte erreicht. In Städten, die stärker vom Einwohnerrückgang betroffen sind, sollten im Sinne des Konzeptes im Saldo mehr Flächen aus dem Flächenkreislauf entlassen und renaturiert werden. Dies gilt insbesondere für Flächen am Rande der Stadt, während der Innenbereich möglichst wieder verdichtet werden sollte. Aber auch für den Innenbereich kann es sinnvoll sein, Grünflächen zu erhalten. Zum einen trägt dies dort zur Lebensqualität bei. Daher greift die Flächenkreislaufwirtschaft das Konzept der Doppelten Innenentwicklung auf, indem sie den Grundsatz der Wiedernutzung innerstädtischer Flächen und Gebäude mit der strategischen Freiraumentwicklung verbindet.

Fazit und Ausblick

Die Einwohnerzahl von Leipzig steigt. Dennoch sind in der GSS weiterhin Leerstände festzustellen. Im Sinne einer nachhaltigen Stadtentwicklung, die den Schutz der Ressource Boden integriert, sollten die brachgefallenen Flächen grundsätzlich wiedergenutzt werden. Konzeptionell ergibt sich diese Forderung aus der Perspektive der Flächenkreislaufwirtschaft. Zugleich zeigt die GSS, dass die Flächenkreislaufwirtschaft um gebäudepolitische Aussagen zum strategischen Umgang mit dem Leerstand erweitert werden sollte. Im Sinne der Doppelten Innenentwicklung sollten dabei grundsätzlich innerstädtische Brachen und leerstehende Gebäude umgenutzt werden. Zugleich ist es sinnvoll, zur klimagerechten und lebenswerten Stadtentwicklung auch in den innerstädtischen Quartieren Freiräume weiter zu qualifizieren und zu entwickeln. In der Georg-Schumann-Straße können so Freiräume entstehen, die gleichermaßen einen Beitrag zur Erhöhung der Lebensqualität und der klimagerechten Stadtentwicklung leisten. Die Umsetzung dieser Kreislaufwirtschaft in der Georg-Schumann-Straße erfordert ein kooperatives Vorgehen. Politik und Verwaltung der Stadt Leipzig sind alleine nicht befähigt, Gebäude und Flächen zu reaktivieren. Hier sind die EigentümerInnen und NutzerInnen gefragt, kreative, aber auch sozial, ökonomisch und ökologisch tragfähige Konzepte zu entwickeln und umzusetzen. Flächenmanagement in der Georg-Schumann-Straße umfasst daher auch ein kooperatives Modell raumbezogener Governance.

Integration Einzugsgebiet

Danny Freier
Patricia Freigang
Caroline Krause
Maximilian Malios
David Seydt

Nachbarschaft Verbindet.
Integration des Einzugsgebietes der Georg-Schumann-Straße

Im Rahmen des Moduls „Stadtmanagement" der Universität Leipzig wurden konkrete Fragestellungen im Hinblick auf eine Revitalisierung der Georg-Schumann-Straße (GSS) untersucht. Gegenstand der hier vorgestellten Arbeit war das Thema „Integration des Einzugsgebietes". Ziel des Projektes war die Beantwortung der Frage, wie es gelingen kann, auch die angrenzenden Stadtteile der GSS in die Entwicklung der Straße einzubinden. Der Fokus des Projektes lag auf der Analyse der Stadtteile Gohlis, Möckern und Wahren, die aufgrund ihrer Heterogenität getrennt voneinander betrachtet wurden.

Um den ersten Eindruck und das damit verbundene Potenzial des Gebietes einzufangen, wurde das zu analysierende Areal zunächst mit Hilfe einer Postkarte visualisiert. Dabei fiel die Diversität des Gebietes auf. Es gab zahlreiche Wohngebiete, aber auch Arbeitgeber und Bildungseinrichtungen. Zusätzlich waren die soziodemografischen Voraussetzungen der drei Stadtteile sehr unterschiedlich. Das weitere Vorgehen stand unter dem Slogan „Nachbarschaft verbindet". Dies sollte die Ambition unterstreichen, ein Konzept zu entwickeln, aus den sehr unterschiedlichen Stadtteilen ein zusammenhängendes und identitätsstiftendes Gefüge zu generieren, welches durch die GSS miteinander verbunden wird.

Grundlage des Projektes bildete die Analyse bereits bestehender Ideen aus vorherigen Studienarbeiten, bei der praktikable Ideen als relevant identifiziert wurden. Die bereits bestehenden Vorschläge konnten im Wesentlichen in drei handlungsrelevante Segmente unterteilt werden: Erscheinungsbild & Sicherheit, Sport & Freizeit und Versorgung & Gastronomie.

Die Ideen aus diesen Segmenten bildeten die Basis für die Erstellung eines Fragebogens für eine Passantenbefragung. Dabei wurde die Befragung um die Segmente Transport und Dienstleistung ergänzt. Das Ziel war zunächst die Ermittlung der aktuell in Anspruch genommenen Angebote im Bereich der GSS, um Interessenlage und Nutzungsverhalten zu erfassen. Darauf aufbauend wurden die als fehlend empfundenen Angebote ermittelt und das Interesse an den Ideen der vorangegangenen Studienarbeiten abgefragt. Die erhobenen Daten dienten im Folgenden dazu, geeignete Handlungsempfehlungen abzuleiten und ein Konzept zu erstellen.

Zunächst hat der Fragebogen die Frequentierung der GSS durch die Bewohner in der Nachbarschaft beleuchtet. Den Befragungsergebnissen zufolge, bestand gerade für die Bewohner von Möckern und Wahren eine große räumliche Nähe zur GSS, was die Straße als zentralen Anlaufpunkt herausstellte. Auch die Aufenthaltshäufigkeit im Raum der GSS war hoch, was das Potenzial der GSS als zentrale Anlaufstelle nochmals unterstrich.

Trotz der Nähe zur GSS, hielten sich die Bewohner des Einzugsgebietes vergleichsweise selten auf der GSS auf. Dies ist besonders bei den Bewohnern Wahrens auffällig. Somit besteht hier eindeutig Potenzial, die Verweildauer auf der GSS zu erhöhen. In Punkto Sicherheitsgefühl konnte festgestellt werden, dass je weiter die GSS stadtauswärts verlief, desto unsicherer fühlten sich die Bewohner auf der GSS.

Im nächsten Teil der Befragung stand die aktuelle Nutzung von Angeboten auf der GSS im Fokus. Es war gut zu erkennen, dass die Angebote unter den Rubriken Dienstleistung, Einkauf/ Versorgung und Transport von allen Befragten der relevanten Stadtteile intensiv in Anspruch genommen wurden. Gastronomie- und Freizeitangebote wurden im Vergleich dazu weniger intensiv genutzt.

Im nächsten Schritt wurden die unterrepräsentieren Angebote aufgenommen. Der Bereich Freizeit wurde von allen Befragten sehr stark als fehlend eingeschätzt, wobei die Bewohner in Möckern und Wahren mit Abstand das größte Interesse an diesem Bereich zeigten. Außerdem fehlten den Anwohnern noch weitere Angebote im Bereich Einkauf und Versorgung. Transportmöglichkeiten fehlten nur marginal und Dienstleistungsangebote vergleichsweise am wenigsten. Insgesamt waren sich Bewohner aus Möckern und Wahren in ihrem Nutzungsverhalten und Ansprüchen sehr ähnlich. Im letzten Teil der Befragung wurde herausgefunden, dass sich die Mehrheit der Befragten nicht gut über Angebote auf der GSS informiert fühlte, das Interesse dafür aber durchaus vorhanden war.

Analyse
Georg-Schumann-Straße

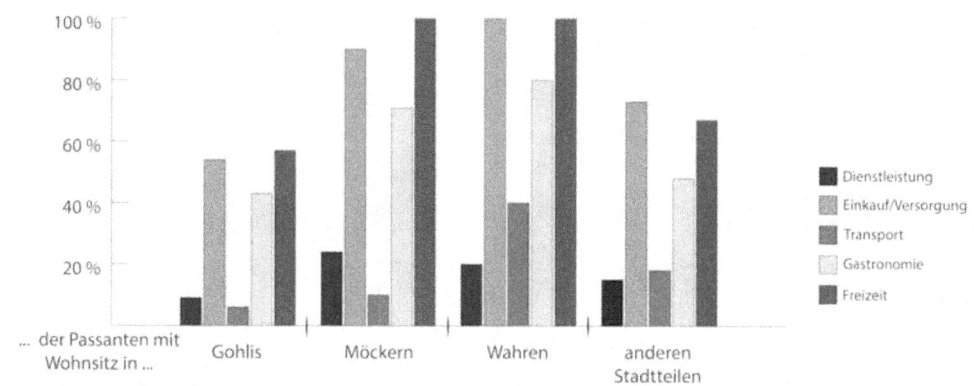

Abb.7: Welche Angebote auf der GSS fehlen Ihnen?

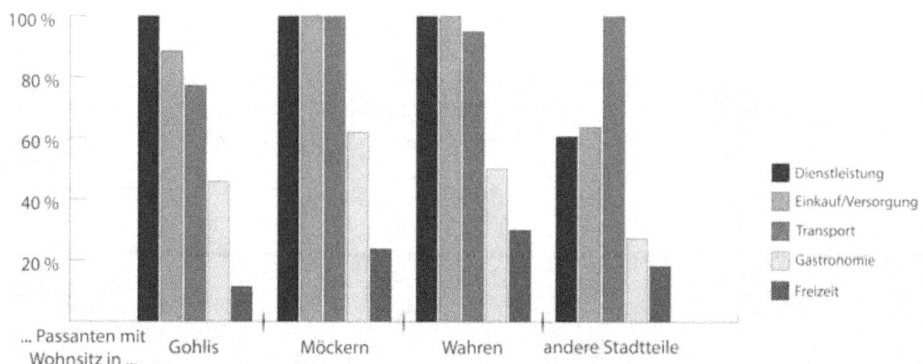

Abb.8: Welche Angebote auf der GSS nutzen Sie?

Ergebnis der Befragung ist die Erkenntnis, dass die Stadt Leipzig hauptsächlich in den Handlungsfeldern Freizeit und Transport aktiv werden sollte, um die Region GSS attraktiver zu gestalten. Zusätzlich gilt es, das Sicherheitsgefühl und die Verweildauer der Bewohner auf der GSS zu erhöhen. Im Zuge attraktivitätssteigernder Maßnahmen entstehen im nächsten Schritt auch für Unternehmen Anreize, das Versorgungsangebot noch weiter auszubauen und in Zukunft vielfältigere gastronomische Einrichtungen anzubieten. Zusätzlich kann festgehalten werden, dass es durchaus schon attraktive Angebote auf der GSS gibt. Um auf diese Faktoren hinzuweisen und gleichzeitig die Straße mehr zu beleben, sollte ein entsprechendes Stadtmarketing entwickelt werden.

Eine Maßnahme im Rahmen eines erfolgsversprechenden Standortmarketings ist der Aufbau der GSS als eine eigene Marke. Im konkreten Fall soll mit der Marke vor allem auf bereits vorhandene Angebote hingewiesen, und später auf neu geschaffene Angebote aufmerksam gemacht werden. Durch die Schaffung eines Markenlogos in Verbindung mit einem prägnanten und einprägsamen Markennamen wie beispielsweise „Schumi verbindet" ist es möglich, die Straße einheitlich zu repräsentieren. Durch die zielgerichtete Verwendung des Markenlogos auch außerhalb der GSS, kann auf die Straße und die damit verbundenen spezifischen Angebote aufmerksam gemacht werden.

Um die Aufenthaltsqualität sowie die Verweildauer auf der GSS zu erhöhen und durch die Belebung der Straße auch indirekt das Sicherheitsgefühl der Bürger zu steigern, kann eine Orientierung am Projekt der „Freiraumgalerie" aus Halle an der Saale empfohlen werden. Bei dem Projekt wurde die hohe Leerstandsquote als Potenzial verstanden, das Viertel durch künstlerische Gestaltung aufzuwerten und auf diese Weise Alleinstellungsmerkmale zu generieren.

Des Weiteren zeigt die Befragung, dass es erforderlich ist, die Kommunikation neuer und bereits vorhandener Angebote zu verbessern, was über verschiedenste Kanäle wie bspw. Internet, Presse o.ä. realisiert werden könnte.

Konzept
Georg-Schumann-Straße

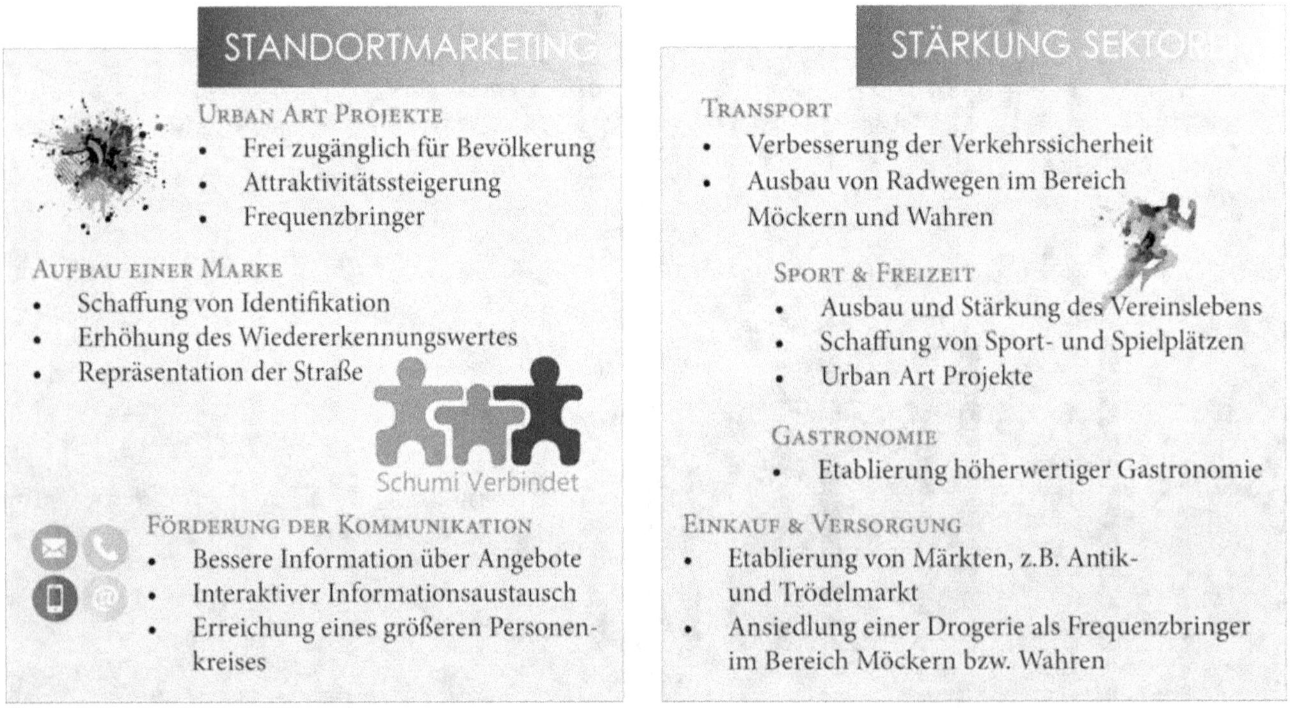

STANDORTMARKETING

URBAN ART PROJEKTE
- Frei zugänglich für Bevölkerung
- Attraktivitätssteigerung
- Frequenzbringer

AUFBAU EINER MARKE
- Schaffung von Identifikation
- Erhöhung des Wiedererkennungswertes
- Repräsentation der Straße

Schumi Verbindet

FÖRDERUNG DER KOMMUNIKATION
- Bessere Information über Angebote
- Interaktiver Informationsaustausch
- Erreichung eines größeren Personenkreises

STÄRKUNG SEKTOREN

TRANSPORT
- Verbesserung der Verkehrssicherheit
- Ausbau von Radwegen im Bereich Möckern und Wahren

SPORT & FREIZEIT
- Ausbau und Stärkung des Vereinslebens
- Schaffung von Sport- und Spielplätzen
- Urban Art Projekte

GASTRONOMIE
- Etablierung höherwertiger Gastronomie

EINKAUF & VERSORGUNG
- Etablierung von Märkten, z.B. Antik- und Trödelmarkt
- Ansiedlung einer Drogerie als Frequenzbringer im Bereich Möckern bzw. Wahren

Abb.9: Konzeption eines Standortmarketings

Akteursaktivierung vor Ort - Fokus Raum

Lisa Dreschel
Christina Göller
Raphael Pietrzyk
Anna Maria Schell
Linda Seiler

Platz nehmen!
Iniierung von Beteilungungsprozessen am Huygensplatz

Als tragender Bestandteil der sogenannten „Perlenschnur Georg-Schumann-Straße" stand der Huygensplatz im Stadtteil Möckern bereits mehrfach im Mittelpunkt von Planungs- und Gestaltungsdiskussionen. Nach seiner hochwertigen Sanierung im Jahr 2013 blieb die erhoffte langfristige Vitalisierung und Integration in das Leben des Quartiers jedoch aus.

Die vorliegende Projektarbeit verfolgte die Etablierung einer nachhaltigen Konzeptidee, fokussierte dabei hingegen zunächst die Bedienung einer akut gegebenen Nachfrage als ersten Impuls zur Erreichung des strategischen Ziels.

Das übergeordnete Ziel war die Entwicklung eines identitätsbildenden Konzeptes, das sowohl das Interesse gewerblicher und privater Nutzer weckt, als auch die aktive Teilhabe der Akteure anregt und sich deshalb kostenneutral für seine Initiatoren darstellt. Dies gründete auf drei Aspekten:

- Basierend auf der allgemeinen Wahrnehmung des Huygensplatzes wurde eine erste Vision des denkbaren Ansatzes gezeichnet.
- Die Potenziale wurden mittels Zielgruppenbefragung, Standort- und Marktanalyse und Interviews identifiziert.
- Abschließend wurde eine ergebnisorientierte Lösungskonzeption vorgestellt.

Die Vor-Ort-Begehung machte deutlich, dass eine Erhöhung der Passantenströme ein wichtiger Baustein für eine erfolgreiche Nutzung des Huygensplatzes war.

Der Huygensplatz rief bei seinen Anliegern überwiegend negative Assoziationen hervor und konnte daher die Funktionen eines zentralen Begegnungsraumes im urbanen Netzwerk nicht erfüllen. Eine angenehme Atmosphäre abseits der hochfrequentierten Georg-Schumann-Straße wurde nicht erzeugt. Vielmehr diente der Platz als reine Verkehrsfläche zwischen ÖPNV, Wohnquartier und den ansässigen Behörden und Unternehmen.

Die Erhöhung der Passantenströme wurde als erfolgversprechende Chance einer künftigen Nutzung des Huygensplatzes identifiziert. Dabei kristallisierten sich die Arbeitnehmer v.a. der Agentur für Arbeit sowie der Deutschen Rentenversicherung als präsenteste und finanziell starke Zielgruppe heraus.

Um die realen Bedürfnisse der potenziellen Nachfrage vor Ort zu erfahren, wurde zunächst die Befragung der Arbeitnehmer beider Behörden mittels Fragebogen durchgeführt. Im Ergebnis wurde das Interesse an einer Bespielung deutlich. Es stach der Wunsch nach gesundem, schnellem Mittagsangebot hervor.

Folgerichtig wurde daraufhin die Zielgruppe des Projektes auf entsprechende Anbieter aus Gastronomie und Versorgung ausgeweitet. Die fokussierte Standort- und Marktanalyse zeigte die Diskrepanz zwischen Nachfrage und Angebot. So waren lediglich Fastfood-Bistros im näheren Umfeld vorhanden.

Im Interview mit sechs örtlichen Anbietern mit passendem Leistungsspektrum signalisierten diese großes Interesse und Zuspruch für die im Laufe der Erarbeitung entwickelte Idee. Allerdings könnten sie mit Blick auf Kosten, Personal und Zeit die Verantwortung für ein derartiges Projekt nicht übernehmen. Das nachfolgende Konzept zeigt dazu einen möglichen Ansatz auf.

Analyse
Huygensplatz

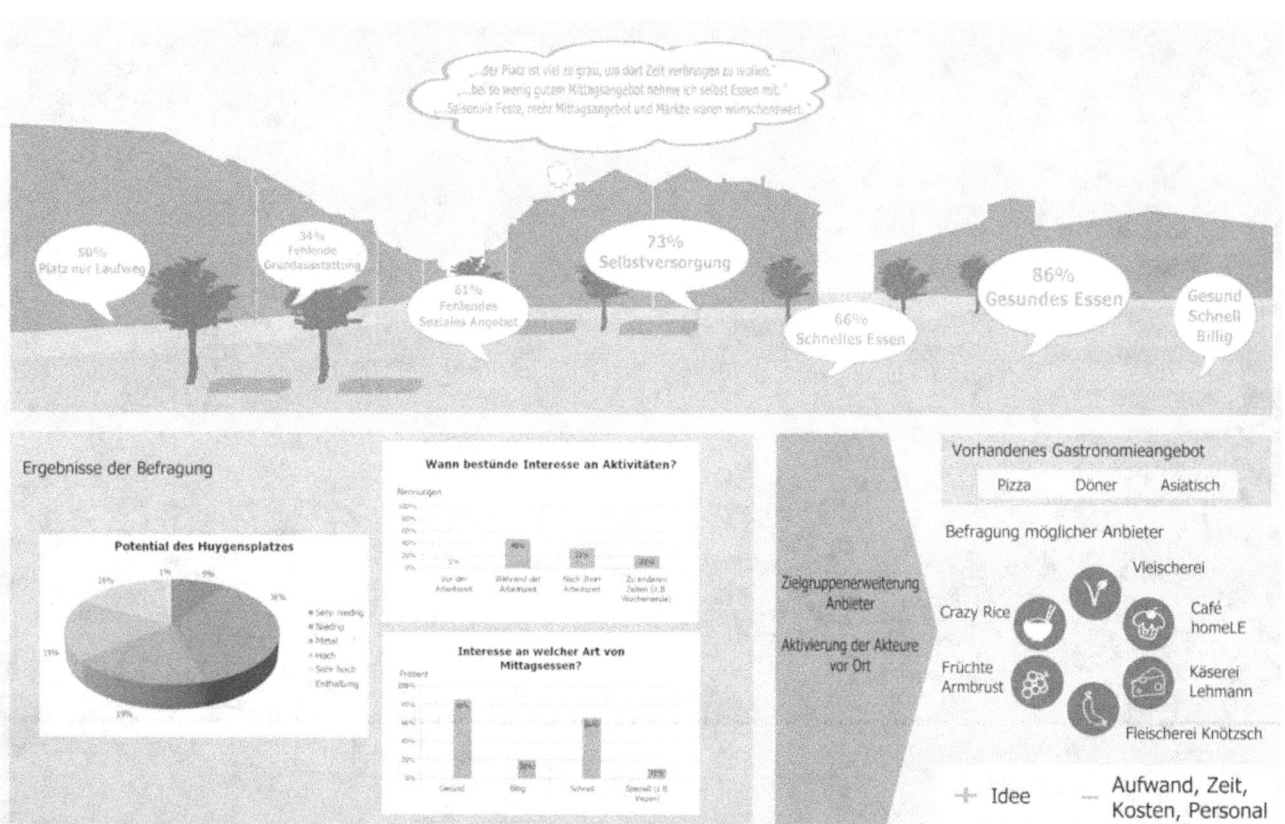

Abb.10: Grafik zur Analyse

Ebenso wie die Erhebungen der Vorjahresarbeiten verdeutlichen die angewandten Analysemethoden den Bedarf und Wunsch der Anlieger nach einer Vitalisierung des Huygensplatzes.

Ein Pavillon am Huygensplatz, als Verkaufshäuschen konzipiert, bietet Gastronomen und Lebensmittelfachhändlern die entgeltliche Nutzung der Fläche und des Services und ermöglicht so den Test der Marktgängigkeit ihrer Produkte für eine künftige, langfristige Niederlassung. Außerdem erhöht die Integration ansässiger in Kombination mit der Ansiedlung neuer Anbieter die Ausstrahlkraft des Standortes.

Daneben bietet der Pavillon flexibel Raum für temporäre und saisonale Events und zieht dank des vielseitigen Nutzungsmixes unterschiedlichste Potenzialträger an.

Der entwickelte Pavillon am Huygensplatz wird die Defizite vorangegangener Maßnahmen umgehen und durch ein hohes Maß an aktiver Einbindung von Anwohnern und umliegenden Einrichtungen wie Schulen und Unternehmen sowohl die positive Wahrnehmung als auch die Akzeptanz des Platzes fördern. Zudem werden dadurch die Kosten der Realisierung minimiert und Vandalismus vorgebeugt.

Die Kommunikation der Idee ist dabei von grundlegender Wichtigkeit. Die Nutzung moderner Medien und sozialer Netzwerke wurde zum Zweck der Bekanntmachung bisher vollkommen vernachlässigt.

Die vorgestellte Konzeptidee versteht sich als Impuls einer dauerhaften Resozialisierung des Huygensplatzes. Für den nachhaltigen Erfolg des Standortes werden weitere Maßnahmen notwendig sein.

Konzept
Huygensplatz

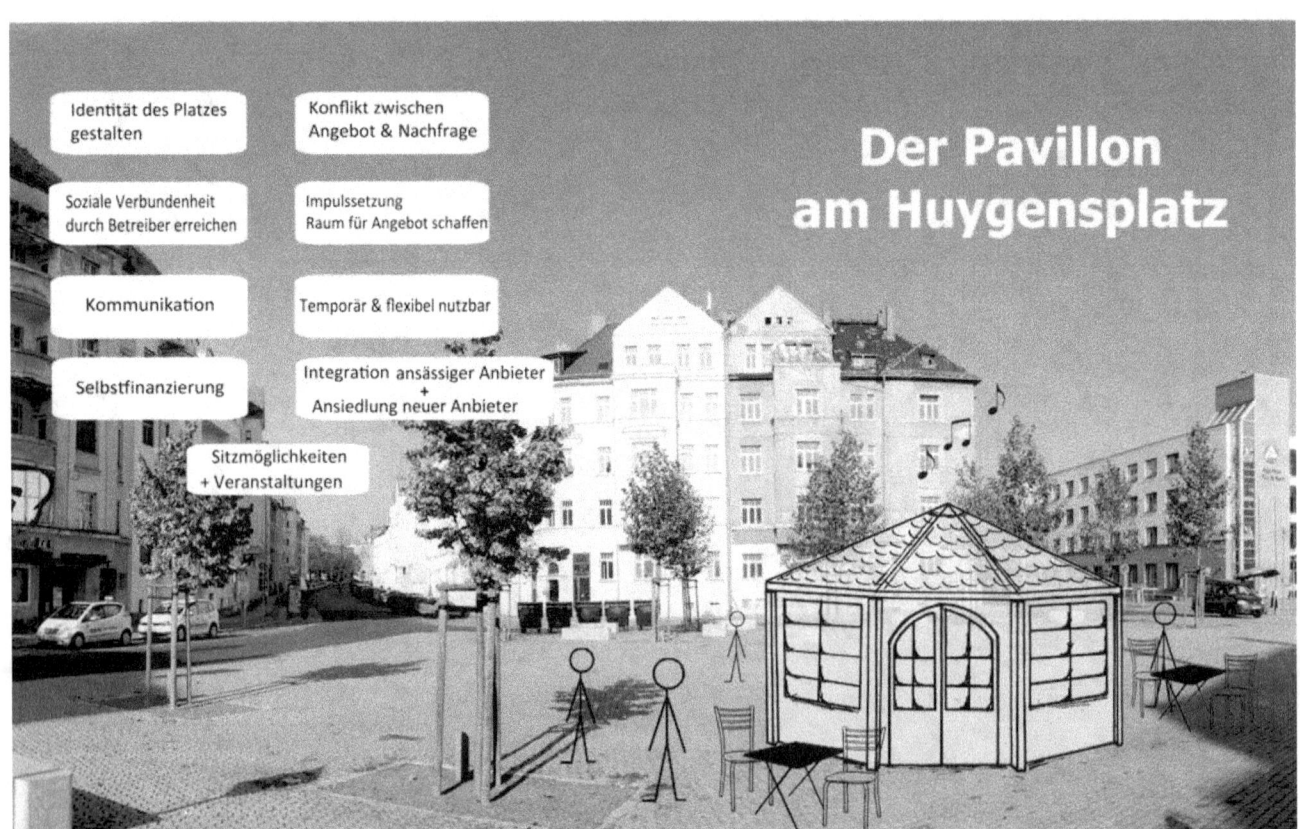

Abb.11: Konzeption Pavillion am Huygensplatz

Tiara Fausel
Tina Kussin
Juliane Renno
Emilia Stromeyer
Anne Warchold

Wir haben es in der Hand.
Möckernscher Markt

Der Möckernsche Markt (MM) im Leipziger Nordwesten, der an der Georg-Schumann-Straße (GSS) liegt, wurde im Jahr 2014 nach dem Entwurf von KARO-Architekten umgestaltet. Trotz dieser Umgestaltung blieb der MM leider ein Ort, der durch diverse Problematiken charakterisiert war und dessen Möglichkeiten als Kommunikations- und Aufenthaltsraum daher nicht annähernd ausreichend genutzt wurden. Das Projekt „Aktivierung der Akteure: Möckernscher Markt" bezweckte daher Herausforderungen und Potenziale des MM zu analysieren und den Standort unter Einbindung der angesiedelten Akteure aufzuwerten, um dadurch eine qualitative nachhaltige Belebung zu gewährleisten. Dies sollte unter Zusammenführung der heterogenen Nutzergruppen und ihren unterschiedlichen Interessen mit möglichst geringen Kosten geschehen, um so gleichzeitig Anwohner, Gewerbetreibende und Passanten am Markt anzusprechen. Um vorherrschende Probleme zu lösen und die Potenziale des MM zu nutzen, sollte die Attraktivität des Platzes erhöht werden, indem ein Ort entsteht, der als Begegnungsstätte fungiert und Raum für die Wünsche der Anwohner bietet.

Die im Semesterprojekt entwickelten Maßnahmen griffen auf die Ergebnisse der vorherigen Projektarbeiten des Moduls aus dem Wintersemester 14/15 (vgl. GSS #1), von denen sich zwei Projektarbeiten auf den MM beziehen, zurück. Durch eigene Vor-Ort-Begehungen und Frequentierungserhebungen wurden diese Analysen geprüft und modifiziert. Aus dem Benchmarking von Good-Practice-Bespielen aus anderen Städten Deutschlands, die ähnliche Probleme wie die GSS im Allgemeinen und dem MM im Speziellen aufweisen, konnte in Verbindung mir der vorangegangen Analyse unsere Konzeptidee abgeleitet werden. Die Erkenntnis, dass die Verantwortung durch eine Akteursgruppe getragen werden kann (Fülle an benötigter Ressourcen) und bestenfalls direkt am Ort verankert sein sollte (nachhaltiges Interesse), führte zur Kontaktierung zahlreicher Akteure, die gewisse Beiträge zur Verwirklichung des Konzeptes leisten könnten. Aus den daraus folgenden Gesprächen bildete sich ein Netzwerk an Akteuren, welche Interesse am Projekt bekunden und für welche im Rahmen des Projekts zur Realisierung des Konzeptes ein Business-Plan aufgestellt wurde.

Der MM und seine unmittelbare Umgebung (Abb.12) sollten als Nahversorgungszentrum in der funktionalen und städtebaulichen Mitte des Ortsteils Möckern fungieren. Allerdings war festzustellen, dass der Platz aufgrund seiner Lage unmittelbar an der hochfrequentierten GSS durch den vorherrschenden Verkehrslärm seine Nutzer nicht zum Verweilen einlud. Die Umgebung war trotz Umgestaltung in den letzten Jahren weiterhin durch unsanierte und ungepflegte Gebäude geprägt, was dem Platz eine eher triste Wirkung verlieh. Die gute Verkehrsanbindung und die vorhandenen Möglichkeiten der Nahversorgung sorgten jedoch für eine starke Frequentierung des Platzes. Der MM diente daher nicht nur als Dienstleistungszentrum, sondern war auch als sozialer Treffpunkt wahrzunehmen. Es galt demnach, Maßnahmen zu entwickeln, welche die analysierten Potenziale nutzen um so den genannten Herausforderungen gerecht zu werden.

Die Projektarbeiten aus dem Wintersemester 14/15 beschrieben dahingehend die heterogenen Eigenschaften des Ortes, die sich in der Gebäude- und Bevölkerungsstruktur begründeten. Ziel war es, ein wirtschaftlich tragfähiges Nutzungs- und Branchenmixkonzept für den Marktplatz zu entwickeln, welches durch die Einbindung der Bewohner, Gewerbetreibenden, öffentlichen Institutionen und Vereine entstehen sollte. Die entwickelten Konzepte enthielten verschiedene Bausteine, wie bspw. ein Café am Markt und eine Etablierung des Ortes als Freizeitstandort.

Die Absicht, mit diesen Maßnahmen Kooperations- und Beteiligungsmöglichkeiten zu schaffen, welche Integration und generationsübergreifende Aktivitäten fördern sollen, wurde übernommen. Eine Zusammenführung dieser Ergebnisse, der Vor-Ort-Begehungen und der Erhebung der Frequentierung kam zu dem Resultat, dass der Ort aufgrund seiner Eigenschaften (Tristesse, Verschmutzung & starker Verkehrslärm) als ein Transitraum zu charakterisieren war.

Analyse
Möckernscher Markt

Abb.12: Möckernscher Markt

Im Mittelpunkt des Konzepts standen die Akteure vor Ort. Um sie aufzufordern sich einzubringen, wurde der Slogan „Wir haben es in der Hand" entworfen. Es wird die Perspektive der Akteure vor Ort eingenommen, um ihnen zu vermitteln, dass eine positive Gestaltung im Sinne der Anwohner nur mit ihrem eigenen Engagement möglich ist. Im Gegenzug können sie jedoch ihre eigenen Wünsche und Vorstellungen einbringen.

Der Auftrag den MM unter Einbindung der umliegenden Akteure nachhaltig zu beleben bildet das Ziel des Konzeptes, dessen Idee auf drei Bausteinen basiert (Abb.13). Durch einen ausrangierten Straßenbahnwaggon (LVB), der fest an der Stelle des bis dato ungenutzten erweiterbaren Marktangebotes (Abb.14) installiert werden soll, kann ein Ort des Austausches geschaffen werden. Der Waggon könnte von der LVB bereit gestellt werden und soll als vielseitig einsetzbare Begegnungsstätte durch dessen Nutzungen (temporäres Café, Ort für kulturelle Veranstaltungen im Bereich Kunst und Lesungen, Bücherbörse, etc.) eine nachbarschaftliche Plattform entstehen lassen. Unterstützt werden soll dies durch Urban-Gardening-Aktionen auf dem MM, die für temporäre Aufmerksamkeit und eine langfristige Aufwertung des Marktes sorgen. Zusätzlich wird zukünftig ein freies WLAN-Angebot auf dem Platz eingerichtet, um die Aufenthaltsqualität und Verweildauer insbesondere junger Nutzergruppen zu erhöhen (siehe LVB-Strategie).

Das Konzept lebt durch Synergien, die sich zwischen den Akteuren bei der Nutzung der einzelnen Maßnahmen ergeben. Gewerbetreibende können bspw. von Nutzergruppen, die explizit durch das Projekt angezogen werden, profitieren oder das temporäre Bespielen des Waggons auf vielfältige Art und Weise für ihr Gewerbe nutzen. Durch die Belebung des Platzes und die Aktivierung der Nachbarschaft soll den Problemen wie Verschmutzung und Verödung eine positive Nutzung entgegengesetzt werden. Das könnte dazu führen, dass positive Eigenschaften des Ortes verstärkt wahrgenommen werden und negative Assoziationen in den Hintergrund rücken. Dies würde eine Image-Veränderung des Platzes bewirken und möglicherweise einen Lösungsansatz zu Verringerung der vorherrschenden Problematik darstellen.

Konzept
Möckernscher Markt

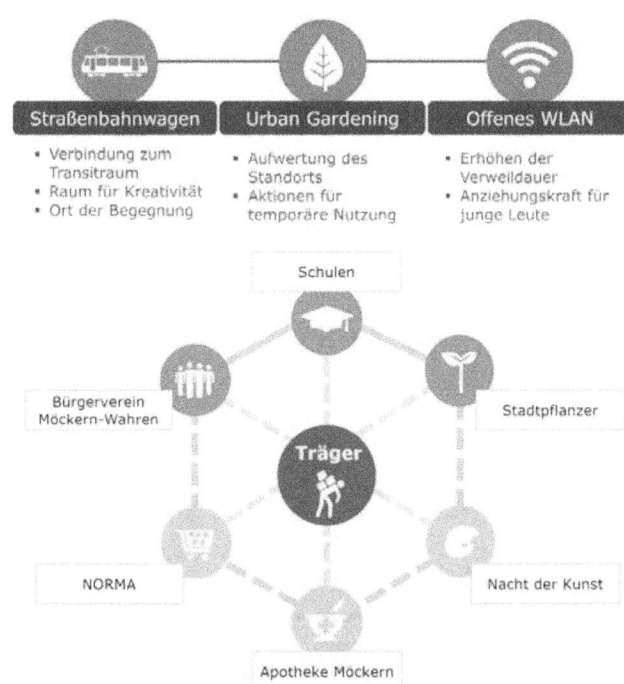

Abb.13: oben: Konzeptbausteine; unten: Akteursnetzwerk

Abb.14: Straßenbahnwaggon von außen; unten: Straßenbahnwaggon von innen (LVZ: Wolfgang Zeyen)

Akteursaktivierung vor Ort - Fokus Netzwerke

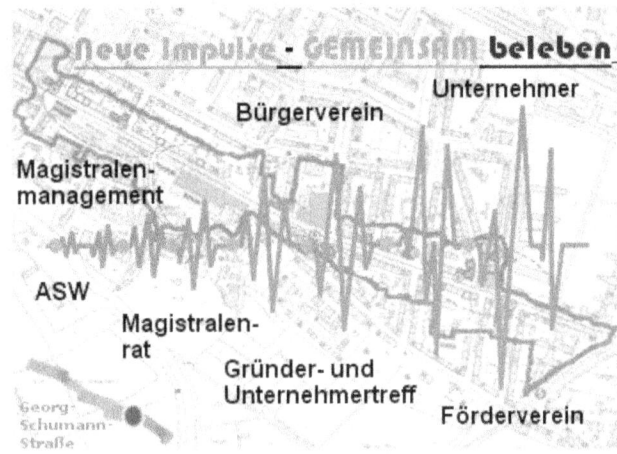

Andreas Szaule
Anne Hartke
Frederik Barrabas
Vincent Lichte

Neue Impulse - gemeinsam beleben
Aktivierung der Akteure vor Ort, Fokus: Gründer und Unternehmertreff

Leipzig ist eine Stadt, deren Entwicklung im nationalen Zusammenhang derzeit positiv besetzt ist. Zu den Stadtteilen bzw. Hauptstraßen, die von dieser Entwicklung bislang nur bedingt profitieren konnten, gehört die Georg Schumann Straße (GSS). Sie war von Leerstand, hohem Verkehrsaufkommen und Sanierungsrückstand gekennzeichnet. Nichts desto trotz war vor Ort ein Netzwerk unterschiedlichster Akteure aktiv, um eine positive Entwicklung zu beschleunigen. Die Unternehmensstruktur vor Ort war sehr heterogen (ca. 400 Unternehmen). Neben Textilgeschäften und Einzelhändlern existierte eine Vielzahl sehr preiswerter Schnellgastronomie. Für die Unternehmer organisierte das durch die Stadt eingesetzte Magistralenmanagement einen Gründer- und Unternehmertreff (GuUT), der die wirtschaftliche Aktivität vor Ort stützen sollte. Dieser fand alle zwei Monate statt und diente als Kommunikations- und Informationsplattform für die ansässigen Unternehmer. Die städtische Förderung läuft allerdings nur bis 2017. Aufgabe für die Arbeitsgruppe war es, Entwicklungspfade aufzuzeigen, wie dieser Treff von den Akteuren vor Ort erhalten werden kann. Hierfür wurde ein tragfähiges Konzept erarbeitet.

Zur Vorgehensweise:

Eine erste Annäherung fand durch Experteninterviews (mit Mitgliedern des Magistralenmanagements und Unternehmern) und Hospitation eines Unternehmerinnentreffs statt. Auf Grundlage dieser Aussagen erfolgte eine Einschätzung der Problematik. Um diese zu quantifizieren wurde mit Hilfe eines Fragebogens eine Umfrage unter der Unternehmerschaft zu den Themen „Engagement in der GSS" und „Engagement für den Erhalt des GuUTs" durchgeführt. Die akkumulierte Datenbasis wurde ausgewertet und diente der Entwicklung eines tragfähigen Konzeptes für den Weiterbestand des GuUTs über 2017 hinaus.

Die Experteninterviews, geführt mit Herrn Gauly und Herrn Basten vom Magistralenmanagement und Herrn Langer vom Förderverein Georg-Schumann-Straße e.V. verdeutlichten, dass die GSS einer dynamischen Entwicklung unterliegt. Es gab eine Vielzahl von Akteuren die im sozialen bzw. kulturellen Bereich tätig waren. Der GuUT wurde von den teilnehmenden Unternehmern grundsätzlich positiv aufgefasst. Die Zahl der sich zusätzlich engagierenden Unternehmer war begrenzt; dementsprechend waren die im GuUT engagierten Akteure häufig an der Belastungsgrenze. Somit zeigte sich in der Netzwerkstruktur kein zukünftiger Träger für den GuUT. Folglich galt es in der Umfrage, den Nutzen des GuUTs und mögliche Schwerpunkte einer neuen inhaltlichen Ausrichtung zu ermitteln. An dieser elektronisch sowie persönlich und telefonisch durchgeführten Umfrage nahmen 40 Unternehmen teil. Kernanliegen war es, die Bereitschaft zum persönlichem Engagement für die GSS und den GuUT zu ermitteln. 60% der Befragten (vor allem Klein- und Kleinstunternehmer) waren in einer der Strukturen vor Ort aktiv (z.B. Förderverein, GuUT etc). Das Interesse an gemeinsamen Aktionen in der Straße war mit 87% sehr hoch; der Großteil dieser Interessenten wünschte sich gemeinsame Werbung oder Veranstaltungen. Folglich existierte durchaus die Bereitschaft, sich monetär und/ oder zeitlich an der Organisation solcher Aktionen zu beteiligen. Der zweite Teil zum Erhalt des GuUTs wurde mit der Frage nach der derzeitigen Vernetzung unter den Unternehmern eingeleitet. Diese wurde von 70% mit schlecht bzw. sehr schlecht angegeben. Der GuUT war bei 85% der Unternehmen bekannt. Allerdings war die Teilnahme unregelmäßig. 60% der Befragten wollten sich weder zeitlich noch monetär für den Erhalt des GuUts engagieren. Diejenigen, die ihn erhalten wollten, waren eher bereit sich in geringem Maße zeitlich zu engagieren. Die Analyseergebnisse bildeten die Basis für das zu entwickelnde Konzept. Aufgrund des Netzwerkansatzes war der kooperative Gedanke dabei Grundvoraussetzung. Das folgende Konzept besteht aus einer organisatorischen und einer inhaltlichen Komponente.

Analyse
Gründer- und Unternehmertreff

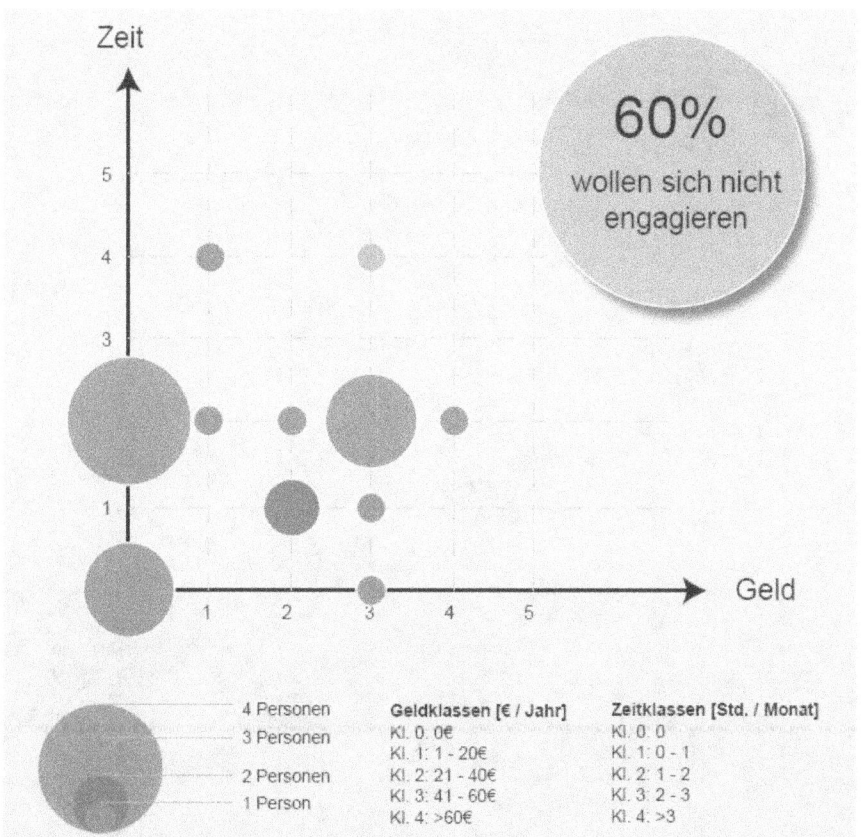

Abb.15: Bereitschaft für den Erhalt des GuUT

Der GuUT soll zukünftig von einem Expertengremium organisiert werden. Basis hierfür ist die angegebene zeitliche Bereitschaft. Das Gremium umfasst 10-12 Personen, die sich jeweils zu zweit die Organisation (Akquise der Räumlichkeiten, Versand der Einladungen) eines jährlichen Treffens aufteilen könnten. Weitere Aufgabe des Gremiums ist die Kontaktpflege zu den Unternehmern der Straße, um alle potentiellen Teilnehmer zu erfassen. Die Idee, dass der GuUT in den Räumen eines Unternehmers stattfindet, ist aus Kosten- und Imagegründen beizubehalten. Die finanziellen Ressourcen können mit Hilfe einer Vertrauenskasse oder Eintrittsgeldern akkumuliert werden. Diese sind für Werbemittel oder für die Pflege der Website verwendbar.

Eine Optimierung der inhaltlichen Gestaltung soll weitere Anreize für das Engagement der Akteure setzen. Je größer die Mitgliederbasis, desto größer ist der Nutzen und desto geringer der individuelle Aufwand. Neben der Funktion als Kommunikationsplattform sollen gemeinsame Marketingaktionen und Veranstaltungen das Zusammengehörigkeitsgefühl stärken und wirtschaftliche Impulse setzen. Thematisch interessante Vorträge von externen Referenten ergänzen die inhaltliche Gestaltung. Die bereits angesprochene Website soll für die Unternehmer einen attraktiven und informativen Webauftritt bieten. Der Aufbau soll deutlich machen, dass die GSS sich als Einheit präsentiert; gleichzeitig ist ein individueller Auftritt der Unternehmen möglich. Ein Blog kann genutzt werden, um Ergebnisse aus dem letzten GuUT zu veröffentlichen. Die Seite ist mit weiteren sozialen Medien wie Twitter und Facebook zu verknüpfen.

Falls sich für die Umsetzung dieses Konzeptes entschieden wird, ist damit möglichst zeitnah zu beginnen. Das Magistralenmanagement könnte somit organisatorisch eine Übergangsphase unterstützen. Eine möglichst frühe Einbindung der Engagierten ist zu gewährleisten, um abzusichern, dass die Bereitschaft auch in der Realität gegeben ist.

Konzept
Gründer- und Unternehmertreff

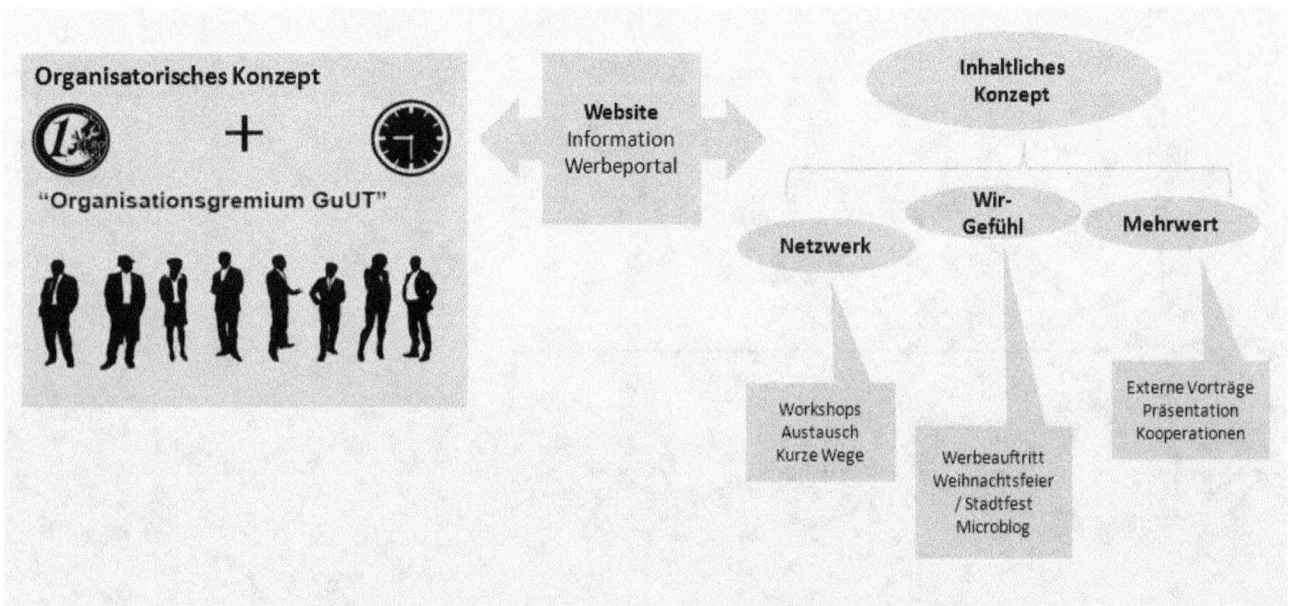

Abb.16: Der Gründer- und Unternehmertreff nach 2017

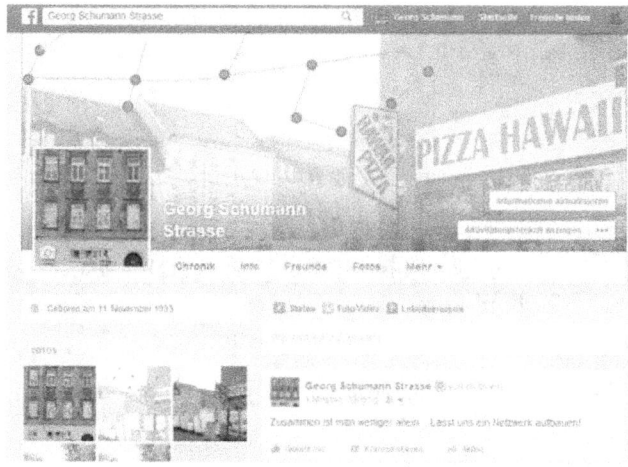

Romann Glowacki
Tiphaine Rouault
Philip Köhler
Alexander Kaminski
Nathanael Stolte

Netzwerk 2.0
Georg-Schumann-Straße

Die aktuellen Fördermaßnahmen zur Entwicklung der GSS laufen im Jahr 2017 aus. Bislang wurde eine Vielzahl unterschiedlicher Akteure in die Projekte und Prozesse über das Magistralenmanagement sowie den Magistralenrat einbezogen. Daneben etablierte sich der Gründer und Unternehmertreff, aus dem jeweils ein Förderverein und weitere Akteursgruppen wie z.B. der Unternehmerinnentreff hervorgingen. Wie die begonnene Vernetzung weiter geführt werden kann, sollte die zentrale Fragestellung dieser Arbeit darstellen.

Um bis zum Jahr 2017 handlungsfähige und selbsttragende Strukturen zur akteursgetriebenen Weiterentwicklung der GSS aufbauen zu können, sollten folgende Fragestellungen mit einer Netzwerkanalyse beantwortet werden:

- Wer sind die Akteure (Stakeholder) auf der GSS? [Vorgehen: selbstständige Recherche]
- Was können die bestehenden Netzwerkstrukturen zur Entwicklung der Straße beitragen? [Vorgehen: Befragung und Erstellung Soziogramm]
- Welchen Einfluss haben die einzelnen Akteure? [Vorgehen: Stakeholderanalyse inkl. Scoring]
- Können die Interessen der Akteure in einem zentralen Akteur vereint werden und würde dieser auf Akzeptanz stoßen?

Ziel der Netzwerkanalyse war es, die unterschiedlichen Akteure auf der GSS zu identifizieren, deren Zusammenarbeit und Beziehungen untereinander abzubilden, ihren Einfluss zu bewerten sowie auf Grundlage der Ergebnisse eine geeignete Form der Kooperation abzuleiten.

Auf Basis der Befragung wurde die vorhandene Netzwerkstruktur analysiert und in einem Soziogramm dargestellt. Das Soziogramm zeigt die Bekanntheit der Akteure allgemein auf (Kreisebenen – je zentraler die Kreisebene, desto bekannter) und die Bekanntheit untereinander (Linien – je dicker die Strichstärke, desto stärker die Verbindung). So kann eine Beziehungsstruktur veranschaulicht werden, welche den Grad der Vernetzung und die Zentralität der unterschiedlichen Akteure zeigt. Die Netzwerkstruktur lieferte wichtige Hinweise und diente als Fahrplan für die erfolgreiche Aktivierung der Akteure (ein zielgerichtetes Stakeholderengagement) vor Ort. Die zentralen Akteure, die hoch vernetzt sind, konnten die Belebung und die Netzwerkaktivitäten auf der Straße fördern. Erstmals wurden durch diese Arbeit das Gefüge und die Vernetzung der bestehenden Stakeholder (Akteure) entlang der GSS analysiert. Sie bildeten ein bislang nicht-institutionalisiertes, teilweise noch unbeleuchtetes Netzwerk.

Die wichtigsten Erkenntnisse des Soziogramms sind folgend aufgeführt:

- Dichtes gut verbundenes Netzwerk – Großteil der Akteure in den beiden inneren Netzwerkschalen und viele starke Verbindungen untereinander

- „Der Anker" als wichtiger Veranstaltungsort mit hohem Potenzial zur Aufwertung der GSS – Fokus: Soziokulturelle Veranstaltungen

- Gute Rollenverteilung und hohe Diversifikation der Akteure

- Wenige Konfliktlinien – eine natürliche Konkurrenz ist natürlich und wichtig.

- Große Bedeutung des Magistralenmanagements – zentrales Management trifft Interessen aller Stakeholder.

Analyse
Soziogramm - Netzwerk

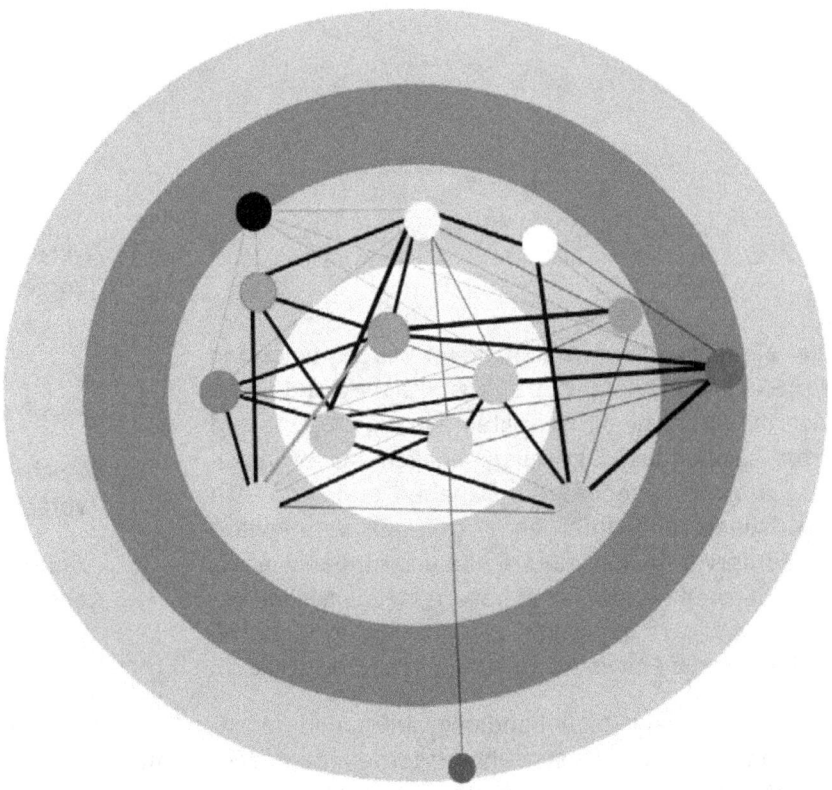

Abb.17: Soziogramm

Um den Anforderungen des spezifischen Falls der GSS gerecht zu werden, musste die Ermittlung der Position eines Akteurs in der Stakeholdermatrix angepasst werden. Zur Bestimmung wurde ein Scoring-Modell herangezogen. Dies ist eine qualitative Erhebungsform, die vor allem zur Entscheidungsfindung bei nichtmonetären Zielgrößen Verwendung findet. Im Falle der Stakeholdermatrix der GSS wurden Kriterien ausgewählt, welche die Einordnung in die Zielgrößen „Einfluss" und „Interesse" repräsentieren (Abszisse: Interesse und Ordinate: Einfluss). Dabei wurde für jede Zielgröße ein eigenes Scoring-Modell entwickelt. Ziel ist es, den Umgang mit den Akteuren hinsichtlich der Bildung einer zentralen Struktur zu bestimmen. In der unten abgebildeten Stakeholdermatrix wird auf den ersten Blick ersichtlich, dass fast alle Akteure im oberen rechten Quadranten eingeordnet sind (hohes Interesse in die Straße mit gleichzeitig hohem Einfluss). Dieser Quadrant empfiehlt die Zusammenarbeit mit all dieses Akteuren hinsichtlich der Bildung einer zentralen Struktur auf der GSS.

Die GSS genießt keinen Kultstatus wie andere Magistralen. Sie zeichnet sich jedoch durch motivierte Akteure aus. Um die Netzwerkarbeit weiter voran zu treiben und autonom weiter zu führen, wird eine zentrale Plattform für die Akteure empfohlen. Unter einer Plattform, die im Rahmen dieser Arbeit kein bestimmtes Erscheinungsbild annimmt, versteht sich z.B. eine partnerschaftliche Verhandlungs- und Kommunikationsebene, die unter der Prämisse der Gleichberechtigung aufgebaut werden soll. Ein zentraler Akteur mit einer hierarchischen Struktur würde aufgrund der gut ausgebauten internen Akteursnetzwerke und den vielen wichtigen einzubeziehenden Stakeholdern den falschen Weg darstellen. Vielmehr wird ein organisches Wachstum dieser Plattform angestrebt, welches die Kommunikation fördern und in letzter Instanz Kooperationen generieren soll. In diesem Prozess können auch die Stärken und Ressourcen der einzelnen Akteure zielgerecht eingesetzt und gebündelt werden.

Konzept
Stakeholderanalyse

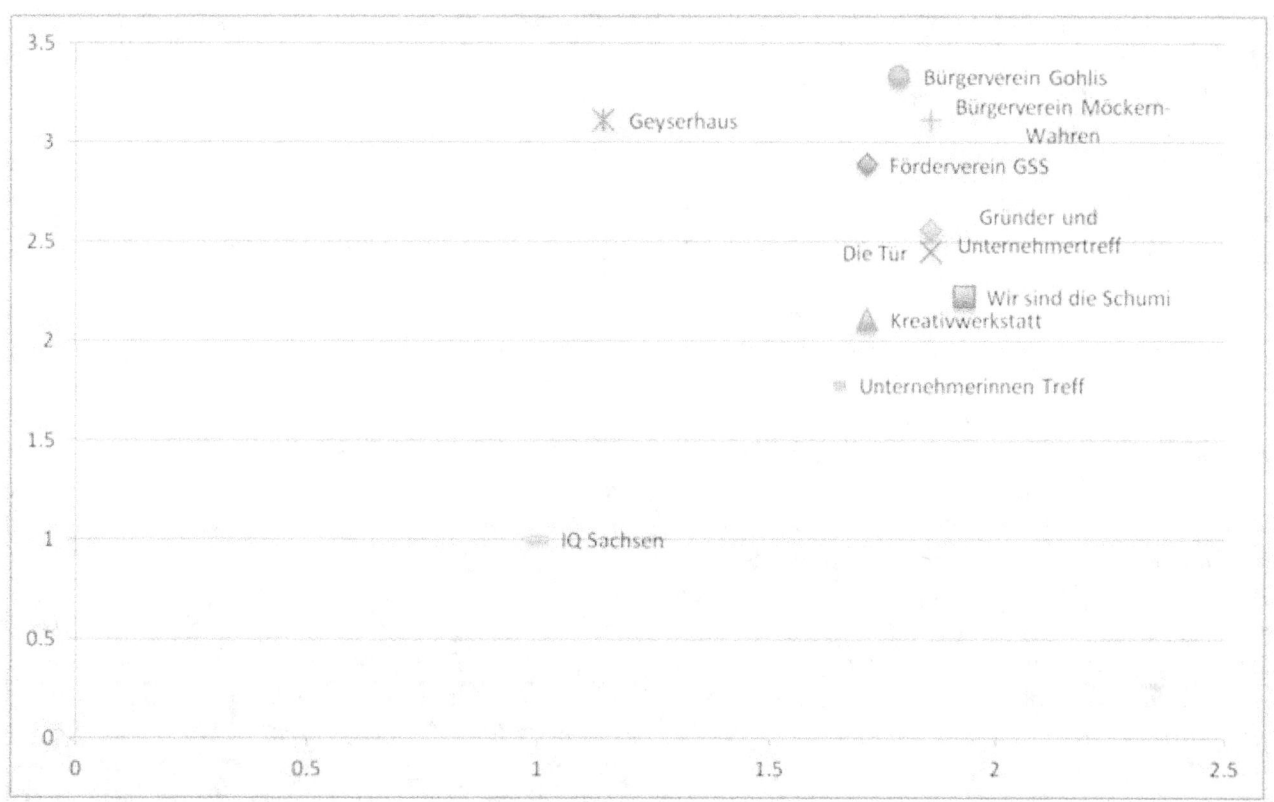

Abb.18: Stakelholdermatrix

Zwischennutzung als Instrumentarium der Stadtentwicklung zur Revitalisierung funktionsloser Orte

Volker Trüggelmann - Bau- und Liegenschaftsbetrieb NRW (BLB NRW)

Am Straßenbild der Georg-Schumann-Straße sind städtebauliche und sozioökonomische Probleme abzulesen. Im Untersuchungsabschnitt vom Rathaus in Wahren bis zu den Gohlis-Arkaden ist eine differenzierte Bautypologie vorzufinden, teils mit deutlichen Brüchen in der Baustruktur und Nutzungsart. Abschnittsweise wird die Bebauung durch Grün- oder Brachflächen gänzlich unterbrochen. Die Art der Bebauung reicht von der geschlossenen Blockrandbebauung, vorherrschend 3- bis 4-geschossige Gebäude aus der Gründerzeit, über Einzelhandelsimmobilien bis hin zu modernen Verwaltungsgebäuden. Analog der Baustruktur ist ein Mix an Nutzungsfunktionen wie etwa Wohnen, Einzelhandel, Gewerbe und öffentliche Einrichtungen festzustellen. Die Problemlagen sind an unsanierten, teils verlassenen Häusern und leer stehenden Ladenlokalen oder an minderwertig genutzten Freiflächen zu beobachten. Die ursprünglichen Nutzungsfunktionen sind verloren gegangen.

Aufgrund der bestehenden Handlungsbedarfe wurde die Magistrale als Gebiet für die Städtebauförderung ausgewiesen. Ein primäres Ziel des integrierten Entwicklungskonzeptes ist die Revitalisierung der Straße als urbane Geschäftsstraße und innerstädtischer Wohnstandort sowie die nachhaltige Etablierung der Adresse. Die Konzeption des Semesterprojektes „Magistrale Georg-Schumann-Straße (GSS) #2" greift diese Zielvorgabe auf. Neue multiple Nutzungsfunktionen sind gefragt. Die Konzeptansätze zur Leerstandsbespielung sollten wirtschaftlich tragfähig sein, das Interesse der örtlichen Akteure wecken und deren Antriebskräfte zusammenführen. Insbesondere die Gruppen „Temporäre Marktplätze – Schwerpunkt Textil", „Potenzialthema Kunst" und „Potenzialthema Gesundheit" hatten die Aufgabe als Basis ihrer Konzeptentwicklung eine Standort- und Marktanalyse durchzuführen. Für die Gruppen ging es um die Untersuchung der wesent-

lichen Informationen/ Rahmenbedingungen, die gegenwärtig und prospektiv für ihre Projektkonzeption und die damit verbundene Investition von Bedeutung sind. Beim Thema temporäre Marktplätze waren etwa Standortfragen bezüglich Branchenmix, der Passantenfrequenz, Erreichbarkeit mit dem ÖPNV sowie der lokalen Kaufkraft und der soziodemografischen Zusammensetzung der Bevölkerung im Einzugsgebiet, in Bezug auf die anvisierte Zielgruppe, zu klären. Aufbauend auf den Analyseergebnissen der zeitlich begrenzten Laden-Nutzung bestand im nächsten Schritt die Aufgabe für die Gruppen Konzeptansätze zur Belebung des Leerstandes, insbesondere die Etablierung von Pop-up-Stores mit dem Cluster Design/ Textil zu entwickeln.

Aus Sicht der Stadtentwicklung können Pop-up-Stores als Instrument der Revitalisierung genutzt werden. Verlassene, funktionslose Standorte erhalten eine neue Chance ihr Potenzial zu zeigen und von der Bevölkerung wiederentdeckt zu werden. Für die Eigentümer geht es um die Wiedererlangung der Marktfähigkeit ihrer Immobilie und somit um die Steigerung des Gebäude- und Mietwertes. Die aus der Bekleidungsindustrie hervorgegangene Idee des Pop-up-Stores – die Modemarke Comme des Garçons eröffnete 2004 den ersten Shop in Deutschland, in Berlin – dient als Marketinginstrument. Ein Pop-up-Store soll das Produkt (Modelabel) an ungewöhnlichen Orten erlebbar machen, eine hohe Besucherfrequenz und ein maximales Medieninteresse erzeugen. Die temporären Läden leben von der Ursprünglichkeit ihrer Gebäude und deren Räume. Durch die begrenzten Miet- und Betriebskosten sowie die geringen Kosten für Ladeneinrichtung und Lagerhaltung ist die finanzielle Investition insgesamt überschaubar.

Die Erfolgsfaktoren der temporären Ladenlokale können von der Stadtentwicklung aufgenommen werden und der Initiierung eines städtebaulichen Veränderungsprozesses dienen. Die funktionslosen Abschnitte der Georg-Schumann-Straße werden so zu Orten der Inszenierung und in Kombination mit einem erlebnisorientierten Unterhaltungsprogramm (Potenzialthemen Kunst und Gesundheit) wird die Aufmerksamkeit der Bevölkerung erzeugt. Die Anwohner und die Menschen, die entlang der Georg-Schumann-Straße gehen oder fahren, nehmen die Veränderung des jahrelangen Status Quo wahr. In Folge der medialen Berichterstattung die von den Pop-up-Stores generiert wird, entsteht Aufmerksamkeit und Neugierde. Die Orte gelangen in den Fokus der öffentlichen Diskussion und werden durch die vorübergehende Öffnung wieder erlebbar. Der mittels der temporären Nutzung initiierte Veränderungsprozess muss im nächsten Schritt in eine nachhaltige Nutzungskonzeption übergeleitet werden. Konkrete Projektideen sind zu publizieren und öffentlich zu diskutieren. Die Bevölkerung ist möglichst früh in den Planungsprozess einzubinden, um die Akzeptanz eines künftigen Vorhabens zu erlangen, bzw. zu steigern.

Wie eingangs bereits erwähnt, ist das Semesterprojekt „Magistrale Georg-Schumann-Straße (GSS) #2" von den einzelnen Gruppen mit qualitativ hochwertigen Ergebnissen abgeschlossen worden. Angefangen von den ersten Eindrücken des Untersuchungsgebietes wurden mit Hilfe der Standort- und Marktanalyse sowie einer Befragung der Passanten erste Ideen für ein Modelabel entwickelt. Die konzeptionellen Entwicklungen für die jeweiligen Pop-up-Stores zeigen gute Ansätze und beinhalten die Definition der Zielgruppe, das Marketing, das Ladendesign, potentielle Kooperationen und Wirtschaftlichkeitsbetrachtungen. Eine erste Umsetzung ist im September 2016 zur Nacht der Kunst an der Georg-Schumann-Straße geplant.

Temporäre Marktplätze - Schwerpunkt Textil

Kevin Haensel
Felix Remler
Simon Heinrich
Philip Kögler
Vanessa Hüfken

POP UP YOUR STYLE.
Leerstandsbespielung durch die Etablierung von Pop-Up Stores im Cluster Textil auf der GSS

Die GSS ist die längste Magistrale des Stadtgebietes Leipzig. Die ehemals bedeutsame Verbindungs- und Handelsstraße nach Halle (Saale) weist eine hohe Verkehrsbelastung, eine schlechte Qualität der Umgebungsbebauung und einen hohen Leerstand von Wohn- und Geschäftshäusern auf.

Ziel des Projektes war die Entwicklung eines Konzeptansatzes zur Leerstandsbespielung durch die Etablierung eines Pop-up-Stores mit Fokus auf das Cluster Textil. Dabei sollte im Besonderen die Umsetzbarkeit des Konzeptes beziehungsweise die Etablierung des Textilclusters untersucht werden.

Um vorhandene Defizite zu identifizieren und Lösungsansätze zu erarbeiten, war es zunächst notwendig den Standort sowie den bestehenden Wettbewerb zu analysieren. Aus den Ergebnissen der Konzeptfindung wurde die Projektkonzeption abgeleitet. Dabei sollte zunächst die konzeptrelevante Zielgruppe definiert werden. Auf dieser Basis wurde die Projektidee entwickelt und spezifiziert. Darauf aufbauend fand die Definition der Anforderungen an den Standort und das auszuwählende Objekt statt. Potenzielle Ladenflächen wurden hinsichtlich ihrer Eignung analysiert. Ein weiterer Bestandteil der Konzeptausarbeitung bestand in der Entwicklung von Marketingmaßnahmen in Bezug auf eine integrierte Marketingkommunikation. Um die wirtschaftliche Tragfähigkeit des Gesamtprojektes zu bewerten, wurde eine Wirtschaftlichkeitsanalyse sowohl aus Sicht des Objekteigentümers als auch des Pop-up-Store Betreibers durchgeführt. Zur Einschätzung der potenziellen Risiken diente eine eindimensionale Sensitivitätsanalyse. Schließlich wurden im Rahmen eines Fazits und Ausblicks Ansatzpunkte für das künftige Vorgehen im Hinblick auf die Umsetzung des Entwicklungskonzeptes gegeben.

Die GSS zeigte insbesondere stadtauswärts Defizite hinsichtlich der Bevölkerungszahl und dem geringen Anteil junger Menschen und Studenten. Der Leerstand und die schwach ausgeprägte Urbanität indizierten eine geringe Lebhaftigkeit, speziell in den Stadtteilen Möckern und Wahren. Um ein lebendiges Stadtleben zu generieren und zu fördern, galt es Interesse zu wecken und ein stadtteilübergreifendes Publikum zu mobilisieren.

Das Textilcluster der GSS bediente vorwiegend Randsortimente der Textilbranche. Die Kategorisierung der Konkurrenten zeigte, dass keine Gewerbetreibenden auf der GSS existierten, die durch ihre Zielgruppen- und Branchenausrichtung das Defizit zwischen der bereits angesprochenen Zielgruppe auf dem Markt und der zu mobilisierenden Zielgruppe schließen konnten. Damit kann die Konzeption eines Pop-up-Stores durch die Zielgruppen- und Branchenausrichtung ein Alleinstellungsmerkmal in der Wettbewerbsstruktur im Bereich Textil auf der GSS generieren.

Analyse
POP UP YOUR STYLE

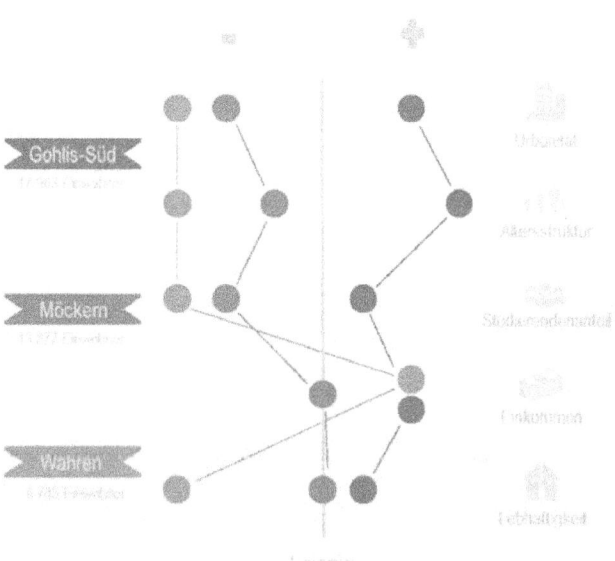

Abb.19: Standortprofil Göhlis-Süd, Möckern, Wahren

Abb.20: Wettbewerbsanalyse Textilcluster

Die Konzeptidee der Etablierung eines POP-UP-Stores basiert auf der Entwicklung eines Lösungsansatzes zur Leerstandsbespielung. Das POP-UP-Konzept basiert auf einer dreitägig zu bespielenden, temporären Ladeneinheit, die auf überraschende und vergleichsweise kostengünstige Weise ein Produktangebot an discount-branded Fashion inszeniert. Die potenzielle Zielgruppe ist maßgebend für die Konzeptausrichtung. Dabei kristallisiert sich ein relevanter Kundenkreis im Alter von 20 bis 35 Jahren heraus, der vor allem dem studentischen und kulturell kreativen Milieu angehört. Deren Bedürfnis nach bewusstem Konsum und einem besonderen Einkaufserlebnis sind Ansatzpunkte für das Alleinstellungsmerkmal des POP-UP-Stores. Durch musikalische und künstlerische Unterhaltung soll eine entspannte und lockere Atmosphäre geschaffen werden. Ausgewählte Sponsoring Partnerschaften im Bereich „Food & Drinks" sollen das Konzept abrunden und den Besuch des POP-UP-Stores in der GSS zum Event werden lassen. Zudem kann eine Einbindung regional ansässiger Textilunternehmen und -geschäfte erfolgen. Durch die Zusammenarbeit können wertvolle Synergieeffekte erzeugt werden.

Die Anforderungen an den Standort lassen sich zunächst aus der Logistik der Zielgruppe ableiten. Für die definierte Zielgruppe ist die Anbindung und Erreichbarkeit mit von ihnen zur Verfügung stehenden Transportmitteln wie der Straßenbahn, des Fahrrades und sekundär des PKWs zu gewährleisten und entsprechende Abstellmöglichkeiten bereit zu stellen.

Darüber hinaus sind spezifische Umsetzungsanforderungen hinsichtlich der Größe und Architektur der Fläche, der Versorgung, des Brandschutzes und der Warenlogistik zu berücksichtigen. Im Hinblick auf die Zielstellung der Etablierung des POP-UP-Stores gilt es, die Nutzung, Förderung und den Ausbau von Fühlungsvorteilen am Standort zu forcieren. Dazu sollen Agglomerationen gleicher oder ähnlicher Branchen genutzt und so Synergien erzeugt werden.

Konzept
POP UP YOUR STYLE

Abb.21: Grafische Darstellung Zielgruppe

Abb.22: Übersicht Umsetzungsanforderungen

ANZIEHUNGSKRAFT. NEUER STOFF FÜR LEIPZIG!

Julia Berlt
Fabian von Frieling
Christoph Henseleit
Viet Hoang
Lauritz Schürmann

Georg Recreates Good Style.
Entwicklung eines Pop-up-Store Konzepts für die Georg-Schumann-Straße

Die Stadtviertel Gohlis, Möckern und Wahren haben sich in den vergangenen Jahren positiv gewandelt. Die Stadtteile zeichnen sich durch gut sanierte Altbauten und hohe Familienfreundlichkeit aus. Immer mehr junge Menschen ziehen in den Leipziger Norden, da hier eine hohe Wohnqualität auf ein niedriges Mietniveau trifft.

Im Kontrast dazu steht die Georg-Schumann-Straße, welche als Ausfallstraße durch die drei Stadtviertel verläuft. Hoher Leerstand und unsanierte Häuser prägen das Straßenbild.

Um die Lücke zwischen den Stadtvierteln und ihrer Hauptstraße zu schließen, agiert seit einigen Jahren das Magistralenmanagement. Es hilft bei Existenzgründungen, berät bei Modernisierungen und unterstützt bei der Beantragung finanzieller Hilfen in Form eines Verfügungsfonds.

Pop-up-Stores sind ein Beispiel für erfolgreiche Leerstandnutzungen in vielen deutschen Städten. Die temporären Einzelhandelsflächen ziehen mittels künstlicher Verknappung kurzfristig eine Vielzahl von Interessenten an. Durch Pop-up-Stores entstehen Spilling-Effects, welche die Attraktivität der anliegenden Straßen und Viertel steigern. Dieses Konzept soll auf die Georg-Schumann-Straße übertragen werden.

Unter der Themenvorgabe der Entwicklung eines Pop-up-Konzepts wurden verschiedene Konzeptideen diskutiert.

Aus diesem Grund und nach Abwägung aller Alternativen fiel die Entscheidung auf die Gründung eines eigenen Textillabels. Dessen Vertriebs- und Vermarktungsstrategie sollte als Baustein zur Attraktivitätssteigerung der Georg-Schumann-Straße dienen.

Zur Entwicklung eines optimalen Pop-up-Store Konzepts für das Label wurden zwei Umfragen durchgeführt. Diese dienten der Abgrenzung der Zielgruppe und der Produkte des Labels. Zusätzlich zeigten sie Potenziale und Hindernisse des Textilgewerbes am Standort Georg-Schuman-Straße auf.

In einer Onlinebefragung wurden Probanden über ihre Wünsche, Vorstellungen und Bedürfnisse in Bezug auf Pop-up-Stores befragt. Dabei wurde vor allem die Einstellung der Teilnehmer gegenüber Pop-up-Stores analysiert. Gegenstand der Umfrage war unter anderem die Anzahl ihrer bereits absolvierten bzw. ihrer beabsichtigten Besuche in einem Pop-up-Store. Darüber hinaus nahmen die Befragten ebenfalls Stellung zu Einkaufsvorlieben sowie Angebot, Lage und Marketingaspekten eines Pop-up-Stores.

Die ermittelte Zielgruppe umfasste die sogenannte Generation Y, die sich in einem Alter zwischen 20 und Mitte 30 bewegt. Sie ist modernen und innovativen Konzepten wie der Pop-up-Store Idee meist offen gegenüber eingestellt.

Neben der Betrachtung der Nutzergruppe war es für die erfolgreiche Umsetzung des Konzepts unumgänglich, die wirtschaftliche Situation des geplanten Standorts einzuschätzen. Dazu wurden im Rahmen einer zweiten Befragung die 25 an der Georg-Schumann-Straße ansässigen Textilunternehmen befragt. Grundsätzlich beinhaltete der Fragebogen drei Teilbereiche. Neben der Einschätzung und Bewertung des Standortes gaben die Unternehmer eine Bewertung des Textilgewerbes an der Straße ab und beantworteten spezifische Fragen zum Geschäftserfolg.

Die Befragung vor Ort zeigte einige positive Aspekte auf. Die befragten Textilunternehmen empfanden demnach die gute Verkehrsanbindung und niedrige Mieten als Argumente für den Standort Georg-Schumann-Straße. Allerdings bestand in den Punkten Laufkundschaft und Leerstand noch Verbesserungspotenzial.

Analyse
Abschnitt Möckern bis Wahren

Werbeträger des Pop-Up-Store

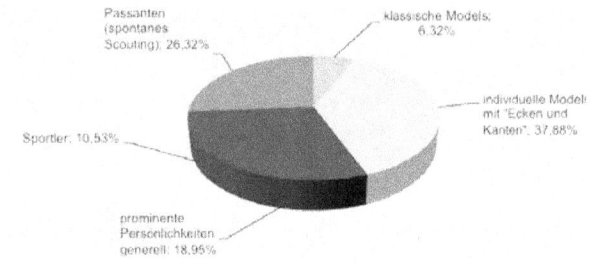

Zukunftschancen des Textilgewerbes and der GSS

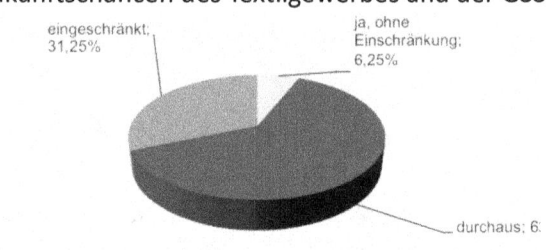

Break-Even-Analyse

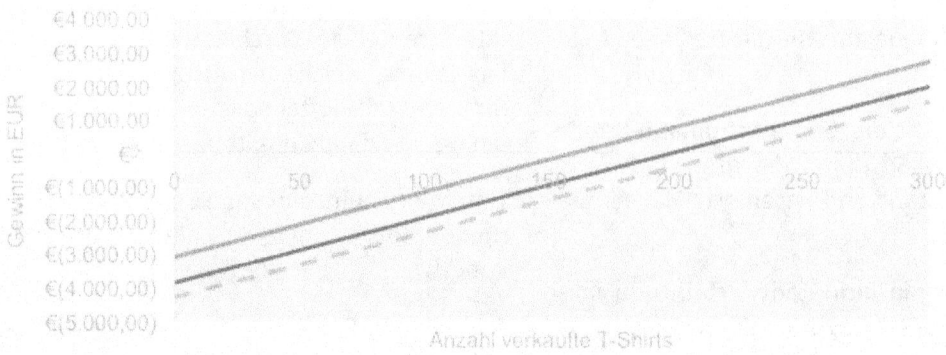

Abb.23: Umfragen und Analysen

Bei der Entwicklung des Konzepts zur Wiederbelebung der Georg-Schumann-Straße steht der Vertrieb sportlicher Freizeitkleidung im Fokus. Die Werbung erfolgt vor allem über ein Social-Media-Marketing z.B. über Plattformen wie Facebook, Instagram und Twitter. Dabei wird vor allem auf die Zusammenarbeit mit lokalen und nationalen Fußballspielern gesetzt, von denen bereits einige für das Projekt gewonnen werden konnten.

Bei der Namensfindung des eigenen Labels wird ein direkter Bezug zum Wiederbelebungsprojekt genommen und der Unternehmensname GRGS abgeleitet. Die Buchstaben symbolisieren GeoRG Schumann und stehen darüber hinaus für den Slogan des Labels: „Georg Recreates Good Style". Der Slogan enthält wiederum eine Anspielung auf das Projekt. „Recreate" bezieht sich einerseits auf den neuen und frischen Kleidungsstil der Käufer. Außerdem kann es als Anspielung auf die Wiederbelebung der Straße verstanden werden.

Als erste angebotene Produkte des Labels sind T-Shirts mit dem GRGS-Logo geplant. Sie werden in verschiedenen Farbkombinationen für 29,40 EUR im mittleren Preissegment und den gängigen Größen erhältlich sein. Nach einem erfolgreichen Start des Labels könnte das Produktsortiment schrittweise auf Tops, Hoodies, Beutel sowie Mützen und Caps ausgeweitet werden.

Nach einigen Begehungen und Rücksprachen mit dem Magistralenmanagement fällt die Wahl der Ladenfläche für den Pop-up-Store auf ein Geschäftslokal im Bürogebäude Georg-Schumann-Straße 294. Große, helle Räume und die Nähe zu anderen Textilunternehmen scheinen ideal für den ersten temporären GRGS Shop (https://www.facebook.com/GRGSLeipzig/). Unter der Berücksichtigung aller kalkulierbaren Kosten müssen am Standort etwa 200 Shirts verkauft werden, um die Gewinnschwelle zu erreichen.

Konzept
Abschnitt Möckern bis Wahren

Abb.24: Konzeption eines Standortmarketings

Die Nacht der Kunst ruft - und alle sind dabei!
Anke Laufer - Organisatorin Nacht der Kunst

Seit 2010 gibt es sie – die Nacht der Kunst in der Georg-Schumann-Straße. Begonnen hat alles mit 15 Standorten, aus denen mittlerweile über 50 geworden sind. Wer alle Ausstellungen, Konzerte und Lesungen an diesem einen Abend Anfang September besuchen will, benötigt eine große Portion Ausdauer, denn die Veranstaltungen finden auf einer Strecke von 4,5 km statt.

Inzwischen sind jährlich über 100 KünstlerInnen aus ganz Leipzig beteiligt, die Bandbreite reicht von Malerei und Fotografie über Skulptur und Grafik bis hin zu Konzerten und Lesungen. Studenten, Kunsthochschulabsolventen, aber auch Autodidakten sind dabei, eine Kuratierung findet nicht statt. Dieser offene Ansatz und die sich daraus ergebende Vielfalt der Teilnehmer ist eins der besonderen Merkmale des Kunstfestivals. Seit 2015 werden zudem auch Kunstprojekte gefördert, die in den Straßenraum hineinwirken, sich mit der Straße auseinandersetzen und so besondere, öffentliche Akzente setzen.

Die Nacht der Kunst ist die einzige Veranstaltung, die (fast) die gesamte Straße und alle anliegenden Stadtteile mit einbezieht: Zentrum Nord, Gohlis, Möckern und Wahren. Damit bietet sich die Möglichkeit, gemeinsam als Anrainer einer Magistrale aufzutreten, Identität zu stiften und Gäste aus anderen Teilen Leipzigs in die Straße zu locken. Es ist die perfekte Gelegenheit, die Straße nicht nur als problembehaftete Magistrale, sondern als spannenden Stadtraum zu zeigen.

Auch in den Gremien und Vereinen, deren Fokus auf der Magistrale liegt, ist die Nacht der Kunst ein verbindendes Thema; zu nennen sind hier beispielsweise der Förderverein Georg-Schumann-Straße als Träger, der Magistralenrat als Förderer und der Gründer- und Unternehmertreff als Beteiligte.

So bildet die Nacht der Kunst immer wieder eine große Klammer für alle, die die Georg-Schumann-Straße aktiv mitgestalten.

Waren zu Beginn vor allem Vereine, Kirchen und öffentliche Einrichtungen mit dabei, stellen inzwischen vor allem Unternehmen ihre Geschäfte und Büros zur Verfügung und nutzen die Gelegenheit, sich selbst einem großen Publikum zu präsentieren und mit Stammkunden zu feiern.

Die Nacht der Kunst bietet gerade für die Unternehmer einen ganz konkreten Anlass, sich untereinander zu vernetzen. So wird z.B. in Wahren bei einem gemeinsamen Treffen überlegt, wie man den Abend gemeinsam gestalten kann: Welche Veranstaltungen und gastronomischen Angebote ergänzen sich gegenseitig sinnvoll? Wie bekommt man möglichst viele Besucher in den Stadtteil gelockt? ... sind die Fragen, die diskutiert werden.

Die Infoabende und die Abschlussveranstaltung bieten weitere Möglichkeiten, sich über die Stadtteilgrenzen hinweg in der gesamten Straße besser kennenzulernen.

Seit Bestehen der Nacht der Kunst wandelt sich die Veranstaltung stetig. Sie wächst, Standorte verändern sich, Leerstände kamen als Ausstellungsorte hinzu, Kunstprojekte im Rahmen der Veranstaltung haben sich etabliert. Auch in den nächsten Jahren wird es spannend bleiben, da die Straße sich verändert, gerade im Bereich Gohlis gibt es kaum noch Leerstände, dafür sind in den letzten Jahren neue Plätze entstanden und die Anfragen aus den Seitenstraßen nehmen zu. Es wird also dabei bleiben, dass es bei jeder Nacht der Kunst – neben den klassischen Standorten und treuen KünstlerInnen – neue Räume und Ausstellungen zu entdecken gibt.

Potenzialthema Kunst

Marcel Fischer
Daniel Noll
Gerrit Schumann
Tobias Schwab
Olga Syzranova

Kunst macht schön.
Erweiterungs- und Verbesserungskonzepte zur Nacht der Kunst

Mit der Nacht der Kunst wurde 2010 ein Projekt ins Leben gerufen, welches sich der Aufgabe widmet, Kunst und Kultur als Standortfaktor für die Magistrale Georg-Schumann-Straße zu etablieren. Im Vordergrund standen dabei Imageentwicklung sowie Identifizierungsmöglichkeiten für die Anwohner; Spillover-Effekte wurden für die Ansiedlung von neuen Unternehmen sowie das Anwerben von qualifizierten Arbeitskräften erwartet.

Durch die direkte Einbindung von Künstlern, Ladenbesitzern und Anwohnern in die Organisation und die Durchführung der Veranstaltung sollten der kreativen Szene Nutzungsmöglichkeiten für leerstehende Gebäude aufgezeigt und die unterschiedlichen Akteure mobilisiert werden. Unterstützt durch das Magistralmanagement, findet die Nacht der Kunst seither jährlich im September des Jahres entlang der GSS statt.

Unter dem Motto „Kunst macht schön" beschäftigten sich die Autoren M. Fischer, D. Noll, G. Schumann, T. Schwab sowie O. Syzranova mit konkreten Erweiterungs- und Verbesserungskonzepten für die Nacht der Kunst 2016. Im ersten Teil wurde die Relevanz des Standortfaktors Kunst und Kultur hervorgehoben und der bisherige Ansatz sowie die Historie der Nacht der Kunst beschrieben. Der zweite Teil analysierte strukturelle Aspekte hinsichtlich der Organisation. Der dritte Teil behandelte die auf der Postkarte dargestellten Erweiterungskonzepte Musik, Film, Street Art und Kunst sowie deren Umsetzungen und Finanzierung. Der vierte Teil widmet sich detailliert der Finanzierung des Projekts und zeigt neben einer Kostenaufstellung neue Möglichkeiten des Fundraisings auf. Im fünften Teil wird abschließend ein Fazit gezogen sowie ein Ausblick auf mögliche weitere Ideen gegeben.

Nur fünf Jahre nach der ersten Nacht der Kunst konnten die Organisatoren im Jahre 2015 schon ein vielfältiges kulturelles Programm, verteilt auf mehr als 50 Standorte, bieten. Wirft man jedoch einen genaueren Blick auf das Programm, fällt auf, dass der Schwerpunkt der Veranstaltung auf der bildenden Kunst liegt und andere kulturelle Bereiche bisher unterrepräsentiert sind. Um ein breiteres Spektrum anzubieten und den Kreis der potentiellen Besucher zu erweitern, sollten mit dem zugrundeliegenden Konzept die Schwerpunkte Musik, Film und Street Art in den Fokus der Veranstaltung rücken. Allen drei Bereichen lag zugrunde, dass in Leipzig eine rege Szene vorhanden war, an die unkompliziert angeknüpft werden konnte.

So kann die selbsternannte Musikstadt Leipzig auf eine bedeutende musikalische Tradition verweisen. Ansässige Ensembles wie das Gewandhausorchester oder der berühmte Thomanerchor pflegen das musikalische Erbe der Stadt. Das aktuelle musikalische Angebot war jedoch nicht nur auf ernste Musik beschränkt, sondern reicht von Rock/Pop über Folk bis hin zu Jazz. Die Leipziger Musikkulturlandschaft bot also zahlreiche Veranstaltungsreihen, mit denen eine Kooperation denkbar war.

Hinsichtlich des Schwerpunkts Film bot Leipzig mit seinen neun Kinos und im Sommer stattfindenden Freiluftkinos viele Möglichkeiten Filme überall verteilt in der Stadt zu genießen. Einen weiteren Anschlusspunkt bot das internationale Leipziger Festival für Dokumentar- und Animationsfilm, das sich als fester Bestandteil in der Dokumentarfilmlandschaft etabliert hat.

Ebenfalls rege war die Street Art Szene, die im Zuge der Nacht der Kunst schon vereinzelte Street Art Projekte durchgeführt hat. Darüber hinaus gab es noch viele weitere Street Art Künstler und Vereine, beispielsweise die Weiße Seite, Klub 7, Graffiti Lovers, Bond oder die Flying Fortress, deren Beiträge zur Nacht der Kunst denkbar waren.

Analyse
Georg-Schumann-Straße

Abb.25: Graffiti auf der Georg-Schumann-Straße

Zur strukturellen und programmtechnischen Aufwertung der Nacht der Kunst wird die Umsetzung folgender Konzepte vorgeschlagen.

Musik: Um den Anteil der musikalischen Darbietungen zu erhöhen, sollen Ausstellungen musikalisch umrahmt werden, Kooperationen mit Anbietern von Wohnzimmerkonzerten sowie ein Bandcontest für Jugendliche im soziokulturellen Zentrum „Der Anker" veranstaltet werden.

Film: Eine Kooperation mit der HTWK Leipzig bei der im Rahmen einer Lehrveranstaltung ein Kurzfilmwettbewerb angeboten und das Thema „Wie lebt die Georg-Schumann-Straße?" behandelt wird, kann die Nacht der Kunst um den Schwerpunkt Film aufwerten.

Street Art: Um Image und Erscheinungsbild der Magistrale mithilfe von Street Art zu verbessern, sollen Kinder und professionelle Street Art Künstler aus der Umgebung engagiert werden, die neben Wänden auch andere Objekte auf der Straße benutzen. Diese Installationen werden während der Nacht der Kunst präsentiert.

Kunst: Zur Etablierung längerfristiger Kunstausstellungen sollen den auf der Georg-Schumann-Straße ansässigen Unternehmen die Vorteile einer solchen Veranstaltung in ihren Geschäftsräumen nähergebracht und so die Straße insgesamt kulturell aufgewertet werden.

Mit einer Gesamtsumme von 750,30 Euro bieten die Konzepte bei verhältnismäßig geringen Mehrkosten einen überproportional großen Nutzen. Der Betrag kann durch das überarbeitete Finanzierungskonzept gesichert werden. Zusammen mit den vorgeschlagenen Änderungen hinsichtlich der genauen Erfassung der Besucherzahlen, der Ausweitung der Öffentlichkeitsarbeit und einer gezielten Strukturierung der Organisation kann sich die Veranstaltung weiter professionalisieren. Die dargelegte Erweiterung der Nacht der Kunst kann eine breitere Schicht der Bevölkerung aktiv involvieren und die Straße lebenswerter gestalten. Dies kann das Image der GSS verbessern und Leerstand reduzieren.

Konzept
möglicher Bespielungsort: Straßenbahnmuseum Leipzig-Möckern

Abb.26: Straßenbahnmuseum Leipzig-Möckern

Roman Engelhardt
Hendrik Scharf
Stefan Weinberg
Hans Wessalowski

Künstliche Belebung.
Konzept für die Etablierung eines Künstlernetzwerkes in der Georg-Schumann-Straße

Während sich die Lagen in der Umgebung der Georg-Schumann-Straße sehr zum Positiven verändert haben, bestehen für die Georg-Schumann-Straße an sich noch einige Entwicklungspotenziale.

Bei einer Vor-Ort-Begehung hinterlässt die Magistrale einen eher zwiespältigen ersten Eindruck. Insbesondere das Verkehrsaufkommen und die damit einhergehenden Geräuschemissionen, der Leerstand und die brachliegenden Flächen vermitteln eine Atmosphäre, die nicht unbedingt zum Wohlfühlen und Verweilen einlädt.

Ziel des an dieser Stelle kurz vorzustellenden Studienprojekts war es, diesen Herausforderungen unter Aspekten des Potenzialthemas Kunst zu begegnen.

Um das Konzept für diese Studienarbeit zu entwickeln, fanden zunächst in einem ersten Schritt Vor-Ort-Begehungen und ausgewählte Experteninterviews statt. Die gewonnenen Erkenntnisse wurden mit Analysen der Standortbedingungen und der Angebotssituation im kulturellen Bereich vertieft. Es folgte eine Betrachtung der Entwicklung anderer Leipziger Magistralen, wodurch Handlungsmöglichkeiten und Potenziale herausgearbeitet wurden. Im Resultat der Analysen stand ein Maßnahmenkatalog zur Förderung der Kunstszene und Aufwertung des Straßenbildes der GSS unter Einbeziehung der etablierten Akteure. In einer abschließenden Betrachtung wurden die Chancen und Risiken bei der Umsetzung des Konzepts gegenübergestellt.

Die Analyse des Mikrostandortes Georg-Schumann-Straße bestand in der Untersuchung der demographischen und infrastrukturellen Gegebenheiten sowie der vorhanden kulturellen Einrichtungen.

Aus der Gesamtheit der demographischen Untersuchungen ließ sich ein grober Eindruck zu den einzelnen Stadtgebieten ableiten. So wirkte Gohlis-Süd als zentrumsnaher, junger und familienfreundlicher Stadtteil mit wohlhabender Bevölkerung und vorhandenen multikulturellen Einflüssen. Möckern und Wahren hingegen besaßen eine größere Entfernung zum Stadtzentrum, verfügten über eine ältere, sozial schwächere Bewohnerschaft mit einem hohen Seniorenanteil und vermittelten das typische Bild der etwas überalterten und vernachlässigten Stadtrandgebiete.

Bei der Analyse der Infrastruktur wurde deutlich, dass die GSS eine der verkehrsreichsten Straßen Leipzigs war und neben ihrer überwiegend zweispurigen Fahrbahn über eine gute Anbindung durch mehrere Straßenbahn- und Buslinien verfügt.

Analyse
Georg-Schumann-Straße

Die Untersuchung der bestehenden Kultureinrichtungen ergab, dass das Angebot entlang der GSS unerwartet großes Potenzial und Vielfalt aufwies. So waren neben mehreren soziokulturellen Einrichtungen, wie dem Anker oder dem Kultur-Labor, verschiedenste Ateliers und Galerien auf der Straße ansässig. Viele der Einrichtungen nahmen zusätzlich an der Nacht der Kunst, dem jährlich stattfindenden Kunst- und Kulturfestival der GSS, teil. Dabei wurden zusätzlich leerstehende Wohnungen und Ladenflächen sowie der gesamte Straßenraum für künstlerische Aus- und Darstellungen vereinnahmt.

Das größte Problem der vorhandenen Kultureinrichtungen entlang der Georg-Schuman-Straße bestand in deren fehlender Bekanntheit und der großen innerstädtischen Konkurrenz. Auch die unzureichende Vernetzung der Einrichtungen untereinander wurde von den Beteiligten als störend und entwicklungshemmend empfunden, da andere Leipziger Magistralen gezeigt haben, dass nur durch ein gemeinsames Auftreten die Bekanntheit innerhalb der Stadt gesteigert werden konnte.

Das Konzept „Künstliche Belebung" besteht aus einem

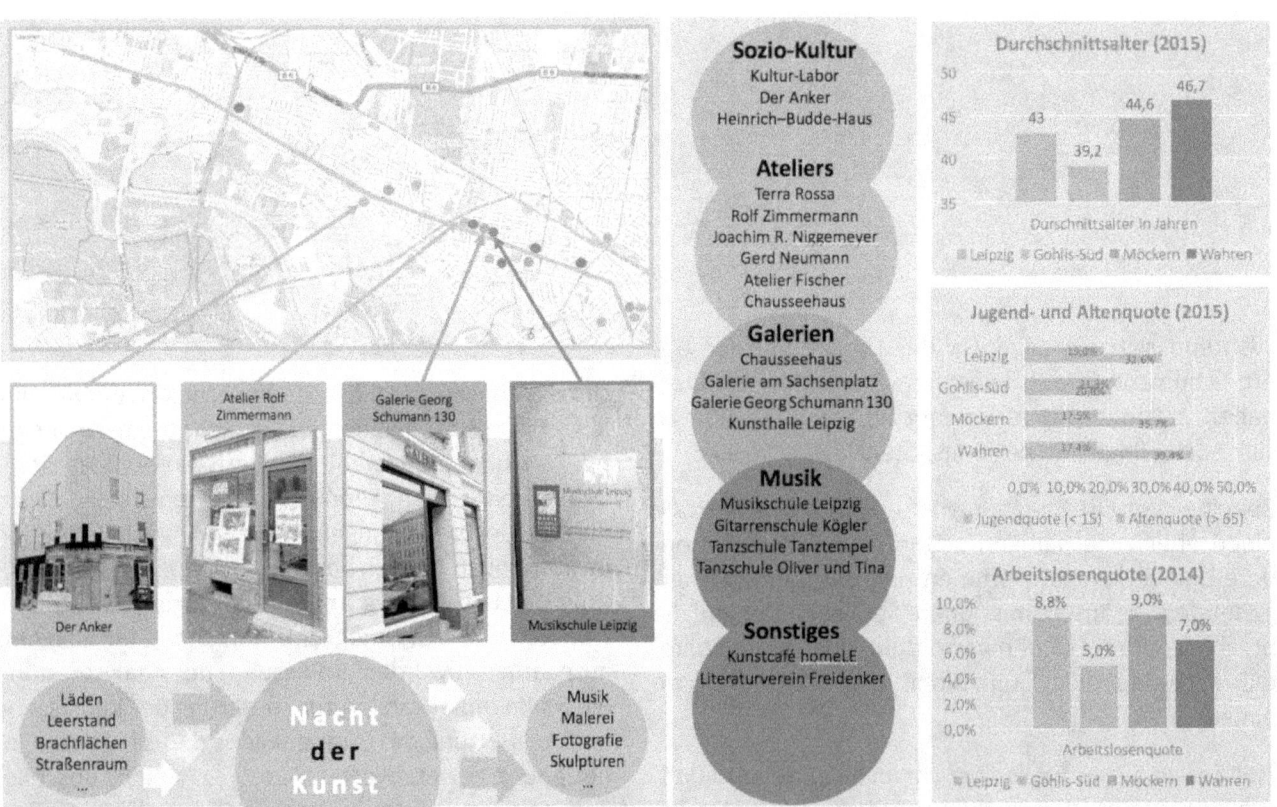

Abb.27: Analyse der kulturellen Angebote und demographischen Standortfaktoren

Maßnahmenkatalog, mit dem sowohl das Straßenbild der Georg-Schumann-Straße aufgewertet wird als auch die Möglichkeiten von Kunstschaffenden zur Vernetzung und Ausstellung ihrer Werke verbessert werden. Kern des Konzepts ist die Schaffung eines Künstlernetzwerks, das sich mit Hilfe einer Onlineplattform organisiert und koordiniert. Künstler können hier ein Profil anlegen, sich und ihre Arbeit vorstellen und Ausstellungsräume nachfragen. Besitzer von leerstehenden Immobilien an der Georg-Schumann-Straße können ihre Flächen zur Zwischennutzung für Ausstellungen und Workshops vergeben. Auch die Kulturzentren Anker und Kultur-Labor können hier Räume nachfragen bzw. bei bestehenden Überkapazitäten ihre Räume zur Verfügung stellen und für ihre eigenen Veranstaltungen werben. Weiterer Bestandteil der Onlineplattform ist ein Terminkalender, der alle Veranstaltungen mit Kunstbezug an der Georg-Schumann-Straße enthält.

Die Bekanntheit des Netzwerks soll in der Anfangszeit mit Hilfe von Werbung in Printmedien, Plakaten und Flyern erhöht werden. Zusätzlich zur Schaffung des Künstlernetzwerks beinhaltet das Konzept eine Reihe von Nebenmaßnahmen, die die Attraktivität der Georg-Schumann-Straße unmittelbar steigern, ihre Funktion als Kulturraum verdeutlichen und den Anwohnern die Identifikation mit der Straße erleichtern.

Zu den Nebenmaßnahmen zählen die Nutzung von Brachflächen als Freiluftgalerien, die Verzierung von Strom- und Telefonkästen, die Verdeckung von verfallenen Hausfassaden mit Fassadenplakaten und -skulpturen, die nächtliche Beleuchtung identitätsstiftender Orte mittels Lichtinstallationen und die Ausweisung legaler Graffitiflächen. Diese Maßnahmen könnten von Kursen oder Workshops des Ankers umgesetzt werden.

Zusätzlich sollte als Ergänzung der „Nacht der Kunst" ein „Tag der Kunst" mit soziokulturellem Anspruch stattfinden, in dessen Rahmen die Nebenmaßnahmen gestaltet oder vorgestellt werden können. Die entstehenden Kunstwerke im Straßenraum sollen dabei ein Label des Netzwerks mit der Adresse der Onlineplattform enthalten, um dessen Bekanntheit zu steigern.

Konzept
Georg-Schumann-Straße

Abb.28: Beispielprofil auf der Onlineplattform des Künstlernetzwerkes

Gesundheit im Quartier?!
Ulrike Leistner - Stadt Leipzig, Gesundheit

Fasst man Gesundheit nicht nur als die Abwesenheit von Krankheit, sondern in einem positiven Verständnis – wie von der Weltgesundheitsorganisation (WHO) bereits 1948 gefordert – als „a state of complete physical, mental and social wellbeing" und führt man sich weiterhin vor Augen, dass Gesundheit von Menschen dort gelebt und geschaffen wird, wo sie sich alltäglich aufhalten – also in Familie, Kindergarten, Schule, Betrieb oder im Quartier – wird deutlich, dass neben der individuellen Lebensweise vor allem auch zahlreiche Umweltfaktoren wie saubere Luft, Zugang zu Grünflächen, Bildung, Gesundheitsversorgung, soziale Netzwerke, Einkommen, sinnstiftende Beschäftigung etc. einen entscheidenden Einfluss darauf haben, ob Menschen die Chance haben gesund aufzuwachsen und gesund zu bleiben (siehe Abb.29).

Unter Einbezug dieser vielzähligen Determinanten forciert Gesundheitsförderung einen Prozess, mittels anwaltschaftlicher Interessenvertretung, Empowerment, Vermittlung und Vernetzung möglichst aller Menschen, unabhängig ihrer sozialen Lage, ein höheres Maß an gesundheitsbezogener Selbstbestimmung zu ermöglichen. Statt nur Krankheit durch die Reduktion individueller Risikofaktoren verhüten zu wollen (Prävention), sollen im Rahmen dieses Interventionsansatzes viel mehr die vorhanden Gesundheits- und Widerstandsressourcen gestärkt und ausgebaut werden. Damit wird auch einer potentiellen Stigmatisierung einzelner Erkrankter oder Risikoträger entgegengewirkt.

Als empirisch gesichert gilt, dass Menschen mit niedriger Schulbildung, geringem Einkommen und niedrigem sozialen Status ihren Gesundheitszustand signifikant schlechter beschreiben, häufiger krank werden und deutlich früher sterben. Mit den klassischen individuumsbezogenen Präventionsprogrammen, wie Gesundheitskurse der Krankenkassen, werden jedoch vorrangig nur gesunde Personen erreicht (preaching to the converted). Um Menschen mit sozial bedingt ungünstigen Gesundheitschancen gleichermaßen erreichen zu können, bedarf es niedrigschwelliger Interventionen, die direkt in deren Lebenswelt ansetzen (Setting-Ansatz).

Warum sollten dabei auch Wohnumgebungen mit berücksichtigt werden? Die Verfügbarkeit von gesundheitsförderlichen Umweltressourcen ist in städtischen Quartieren unterschiedlich verteilt. Zahlreiche nationale wie internationale Studien bestätigen einen Zusammenhang zwischen der subjektiven gesundheitsbezogenen Lebensqualität und:

- sozialer Deprivation (Arbeitslosigkeit, hohe Wohndichte, geringes Einkommen, niedriger Schulabschluss)
- gebauter Umwelt (hohe Wohnblöcke, qualitativ schlechte Wohnhäuser, Lärm, wenig Tageslicht)
- Walkability (land-use-mix, Gestaltung des Zugangs zum Straßennetz, Geh- und Radwege, Ästhetik etc.)
- sozialem Kapital (Ausmaß sozialer Netzwerkbildung, Vertrauen, Hilfsbereitschaft, Fairness innerhalb der Wohnregion).

Die Kernstrategie settingorientierter Gesundheitsförderung setzt daher bei der Stärkung lokaler Autonomie und bürgerschaftlichen Engagements an und fordert die Gestaltung von gesundheitsförderlichen Rahmenbedingungen mit der Vermittlung von Fähigkeiten und Kenntnisse (z. B. Nachbarschaftsgärten in Verbindung mit Kochkursen und Multiplikatorenschulungen). Durch frühzeitige Beteiligung und Qualifizierung der Zielgruppen und Vernetzung von gesundheitsbezogenen Schlüsselakteuren kann somit ein nachhaltiger Prozess hin zu gesunden Quartieren angestoßen werden.

Um mit diesem integrierten Handlungsansatz Gesundheit als ressortübergreifende, interdisziplinäre Querschnittsaufgabe von Kommune, Politik, Stadtplanung, Gesundheits- und Stadtteilakteuren umzusetzen, sind bedarfsorientierte, kreative, aktivierende Ideen – wie sie in diesem Semesterprojekt entwickelt wurden – sehr zu begrüßen.

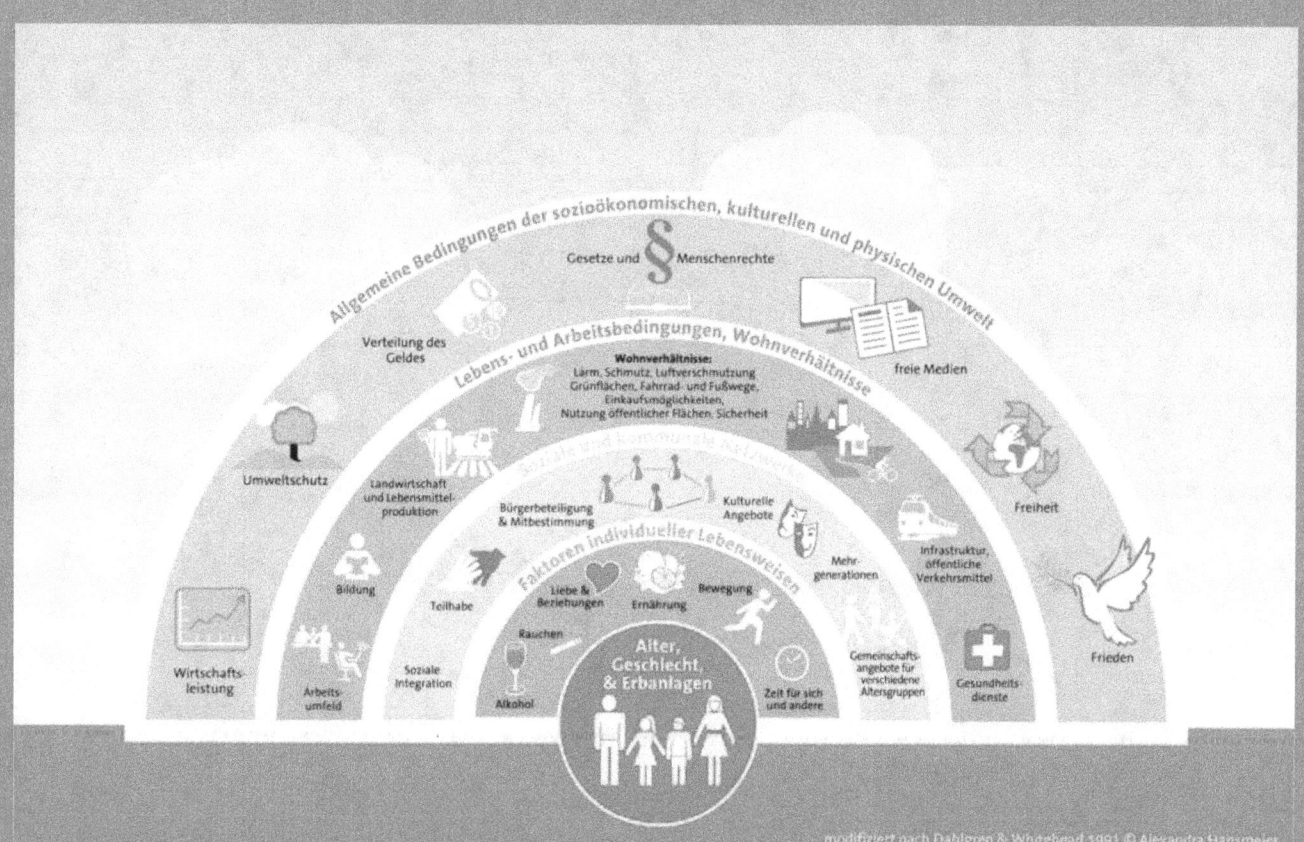

Abb.29: Gesundheitsdeterminanten; Quelle: Plattform Ernährung und Bewegung e.V. 2016

Potenzialthema Gesundheit

Jens Frey
Rebekka Rothe
Markus Wagner

Möckern is(s)t gesund!?
Etablierung von Quartiersgärten in Möckern

Der Wandel in der Gesellschaft hin zu qualitativ hochwertigen Lebensmitteln findet zum großen Teil in einkommensstärkeren und gebildeteren Bevölkerungsschichten statt. Eine Herausforderung ist es allerdings, den geringeren Einkommens- und Bildungsschichten eine gesündere Lebensweise zu ermöglichen und an sie heranzutragen ohne sie zu bevormunden oder zu diskriminieren.

Räumlich konzentriert sich diese Arbeit auf die Georg-Schumann-Straße bzw. jene Stadtteile, welche sie durchzieht. Nach erfolgter Bedarfsanalyse bezüglich gesundheitsfördernder Maßnahmen lag das Hauptaugenmerk des Projektes auf dem Stadtteil Möckern, worauf sich dann auch die Konzeptidee konkret bezog.

Die Vorgehensweise dieser Arbeit setzte sich aus folgenden Schritten zusammen:

Zu Beginn wurde die GSS hinsichtlich ihrer gesundheitsfördernden Potenziale nach Earls und Carlson analysiert. Die Analyse untergliederte sich in drei Teile, welche die soziale Deprivation, die baulichen Merkmale, sowie soziale Aspekte hinsichtlich ihres Einflusses auf die Gesundheit untersuchte. Darauf aufbauend wurde in Möckern die Analyse vertieft und durch Befragung der Anwohner ergänzt. Neben Bedarfen wurden Ressourcen erfasst und darauf aufbauend die Konzeptidee entwickelt.

Um Herauszufinden, welcher Abschnitt der GSS die

höchste soziale Deprivation aufweist und wo somit größtes Potenzial für Gesundheitsförderung bestand, wurden alle Stadtteile, welche die Magistrale durchläuft, miteinander verglichen.

Dabei stach Möckern hinsichtlich der Arbeitslosenquote, SGB-II-Quote, Durchschnittseinkommen und der Quote von Schulabgängern ohne Schulabschluss deutlich negativ heraus. Insofern ließ sich schlussfolgern, dass Möckern im Vergleich zu Gohlis-Süd und Wahren die höchste soziale Deprivation und damit die geringste subjektive gesundheitsbezogene Lebensqualität aufwies. Deshalb war Möckern und damit der dortige Straßenabschnitt der GSS das Quartier mit dem höchsten Bedarf an Gesundheitsförderung zu lokalisieren.

Außerdem war im gesamten Straßenabschnitt kaum Begrünung vorhanden und der Lärmpegel direkt am Straßenrand sehr hoch. Die Häuserstruktur zeichnete sich durch eine hohe Dichte aus. Darüber hinaus wareb die vorhandenen Gebäude zum Großteil äußerlich sanierungsbedürftig und teilweise verfallen.

Auf dem gesamten Straßenabschnitt gab es lediglich einen Supermarkt sowie einen Obst- und Gemüseladen. Ein Bio-Laden oder ein Wochenmarkt existierten nicht. Je nach Wohnort war somit eine Abhängigkeit von öffentlichen oder privaten Verkehrsmitteln gegeben. Abgesehen von der hohen Frequenz von Fast-Food-Anbietern herrschte eine geringe Walkability im Straßenabschnitt. Vor allem Lärm und die gebaute Umwelt könnten sich negativ auf die Gesundheit und Ernährung auswirken.

Eine Befragung zeigte, dass die Anwohner einen respektvollen Umgang miteinander pflegten, hilfsbereit waren, sich gegenseitig vertrauten und ein ausgeprägtes Gerechtigkeitsempfinden besaßen. Die soziale Netzwerkbildung fiel eher gering aus, bspw. existierten weder Bürgerverein, noch Stadtteilfest. Eine soziale Kohäsion und soziales Kapital waren nachzuweisen, sodass angesichts des guten Miteinanders im Quartier ein hohes Potenzial für gemeinschaftliche Projekte vorhanden war.

Analyse
Möckern

	Gohlis-Süd	Möckern	Wahren
Arbeitslosenquote	5,4 %	**9,8 %**	6,4 %
SGB-II-Quote bei Kindern unter 15 Jahren	16 %	**40,9 %**	24,8 %
SGB-II-Quote bei unter 65 - jährigen	11,3 %	**24,4 %**	15,3 %
Durchschnittsnettoeinkommen - persönliches Einkommen - Haushaltseinkommen	1.406 €/Monat 1.939 €/Monat	**1.133 €/Monat** **1.514 €/Monat**	1.406 €/Monat 1.939 €/Monat
Schulabgänger ohne Abschluss	**15-20 %**	**15-20 %**	5-10 %

Gesundheitszustand der Anwohner in Möckern

Überwiegend ungesunde Lebensweise
Geringer Absatz gesunder Lebensmittel
Hoher Konsum Nahrungsergänzungsmittel
Informationsbeschaffung hinsichtlich Ernährung aus Zeitung, Apotheke, China-Restaurant

Abb.30: Ausprägung sozialer Deprivation in den Stadtteilen und Gesundheitszustand der Anwohner in Möckern

Basierend auf den Analyseergebnissen existieren aus Sicht der Bedarfe im Quartier zahlreiche Möglichkeiten zur Gesundheitsförderung. Damit ein Konzept langfristig erfolgversprechend und Kosten-Nutzen-effektiv wirken kann, bedarf es verhältnis- und verhaltenspräventiver Maßnahmen. Das Konzept soll in den Alltag der jeweiligen Zielgruppe integrierbar sein und soweit wie möglich bereits vorhandene Ressourcen nutzen. Aufgrund des guten sozialen Miteinanders der Anwohner und der fehlenden direkten Netzwerkbildung im Quartier, besteht ein hohes Potenzial für gemeinschaftliche Projekte. Hinzu kommt die Tatsache, dass in Möckern und den anliegenden Stadtteilen viele Gartensparten mit freien und ungenutzten Gärten vorhanden sind. Resultierend aus diesen genannten Faktoren ergibt sich die Konzeptidee „Ein Garten für alle". Dieser Garten soll ein Gemeinschaftsgarten zum Anpflanzen von eigenem Obst und Gemüse sein.

Am Projekt teilnehmen können alle Altersklassen und sozialen Schichten, denn Gesundheitsförderung soll allen Anwohnern zur Verfügung stehen und niemanden aufgrund seines Alters oder seiner sozialen Herkunft bevormunden oder diskriminieren. Vor allem ein guter Mix von Menschen mit unterschiedlichen Hintergründen und unterschiedlichem Alter begünstigt, dass die Teilnehmer sich gegenseitig helfen können und Anwohner ihres Quartiers kennenlernen mit denen sie z.B. aufgrund unterschiedlicher sozialen Schichten nie in Kontakt getreten wären. Die entstehenden Ernteerträge können die teilnehmenden Anwohner selbst verwerten oder bspw. auch an eine Tafel oder die vorhandene Essensausgabe der Streetworker weiterreichen. Das Konzept fördert somit die gesunde Ernährung, die körperliche Bewegung und das Training der sozialen Kompetenzen. Voraussetzungen für dieses Konzept sind die Organisation einer Gartenfläche, eines Träger/Schirmherrn (z.B. Grundschule) und finanzieller Mittel. Unterstützen könnte dabei der Verfügungsfonds Gesundheit der Stadt Leipzig.

Konzept
Möckern

Abb.31: Gemeinschaftsgarten als Konzeptidee zur Gesundheitsförderung im Quartier

www.ingramcontent.com/pod-product-compliance
Lightning Source LLC
Chambersburg PA
CBHW081814220526
45470CB00006B/2315